María Eugenia Culla

Recursos digitales en la enseñanza Matemática

María Eugenia Culla

Recursos digitales en la enseñanza Matemática

Implementación de un espacio virtual de
enseñanza-aprendizaje para matemática de
cuarto año de nivel medio

Editorial Académica Española

Imprint
Any brand names and product names mentioned in this book are subject to trademark, brand or patent protection and are trademarks or registered trademarks of their respective holders. The use of brand names, product names, common names, trade names, product descriptions etc. even without a particular marking in this work is in no way to be construed to mean that such names may be regarded as unrestricted in respect of trademark and brand protection legislation and could thus be used by anyone.

Cover image: www.ingimage.com

Publisher:
Editorial Académica Española
is a trademark of
Dodo Books Indian Ocean Ltd. and OmniScriptum S.R.L publishing group

120 High Road, East Finchley, London, N2 9ED, United Kingdom
Str. Armeneasca 28/1, office 1, Chisinau MD-2012, Republic of Moldova, Europe
Printed at: see last page
ISBN: 978-613-9-40772-9

AGRADECIMIENTOS

Gracias a los tutores de cada campo/ trayecto por la paciencia, dedicación y motivación ya que hicieron el trayecto de estudio de estos años mucho más fácil con su guía y ayuda.

Gracias especialmente al Mg. Rubén Pizarro por su acompañamiento en esta última etapa aceptando ser mi director en este trabajo.

Un agradecimiento especial a la directora del Colegio Secundario "Edgar O. J. Morisoli", la Profesora María de los Ángeles Pereyra por permitirme realizar las prácticas que fueron necesarias en la institución, como así también a los alumnos y docentes que colaboraron cada vez que necesite, sinceramente infinitas gracias.

Y por sobre todo gracias a mi familia por el acompañamiento y la comprensión, en especial a mis hijas y mi marido por el apoyo incondicional en estos años de cursada.

RESUMEN

El objetivo de este trabajo fue diseñar para luego implementar un Espacio Virtual de Enseñanza y Aprendizaje (EVEA) que permita a los estudiantes aprender los saberes matemáticos por medio del uso apropiado de diferentes recursos tecnológicos. Dicha propuesta está dirigida a alumnos de 4to año del Ciclo Orientado del turno mañana, que, en una encuesta realizada sobre el uso de TIC en el aula, los docentes de dicho curso manifestamos que realizamos propuestas áulicas con recursos tecnológicos. Los alumnos por su parte consideraron que no eran atractivas dichas propuestas, asumiendo que tienen manejo de dispositivos dentro del aula, pero no con fines educativos. Por tal motivo se desarrolla un EVEA específicamente en el área de matemática donde se pretende enseñar con tecnología, por medio de una plataforma de fácil acceso como Classroom. Se organizan los saberes por temas, se proporcionan recursos interactivos donde se espera que los alumnos, por medio de las TIC y las clases virtuales adquieran autonomía y compromiso en sus trabajos dando cuenta de los conceptos aprendidos a través de las diferentes actividades propuestas. De esta manera se prevé que el estudiantado mantenga un rol activo, siendo el docente un mediador del conocimiento y un moderador en las clases online que se proponen. Facilitando los recursos TIC a utilizar acorde a los Núcleos de Aprendizajes Prioritarios propuestos desde el Ministerio de Educación en conjunto con los intereses de los alumnos, diseñando actividades que permitan la construcción de un conocimiento significativo.

PALABRAS CLAVES:
Matemática- TIC-EVEA- Recursos

ÍNDICE

1.JUSTIFICACIÓN/ DIAGNÓSTICO

Es importante que como docentes asumamos que las nuevas tecnologías influyen en los actores del proceso educativo y tienen efectos sobre los individuos tanto en el ámbito social como en el laboral. Es así que debemos preparar a nuestros estudiantes para la utilización de nuevos recursos y para que esto ocurra tenemos la responsabilidad de incorporar las Tecnologías de la Información y de la Comunicación (TIC) en el proceso de enseñanza-aprendizaje como una herramienta didáctica y pedagógica.

Se observa que actualmente hay un uso muy frecuente del celular por parte de los alumnos en todos los ámbitos de su vida cotidiana, incluso en el aula, pero no es utilizado como un recurso que sirva para la organización y el aprendizaje en las diferentes materias que ofrece la currícula ministerial. Hay muy pocos estudiantes que hacen un uso adecuado de las nuevas tecnologías y es necesario trabajar sobre el uso o abuso de las mismas ya que pueden provocar problemas a corto o largo plazo en cuanto no solo al rendimiento escolar, sino a problemas de disciplinas, alteraciones en el desarrollo neurológico, etc.

Considerando que los estudiantes dominan diferentes redes sociales y crean contenidos utilizando distintos recursos e información, es necesario que las TIC se incorporen a través de estos dispositivos no solo como instrumentos tecnológicos, sino como herramienta didáctica por medio de entornos virtuales de enseñanza-aprendizaje (EVEA). Promoviendo la utilización de software propios de la materia y diferentes recursos web que pueden ser propuestos por el docente, y también por los alumnos según sus intereses e interpretaciones.

La utilización de dichos entornos no solo permite gestionar y almacenar información, sino que además poseen herramientas propias que posibilitan un proceso de aprendizaje personal y en forma colaborativa, proporcionando espacios para autorizar, comunicar y debatir dando independencia entre los actores de la comunidad educativa. Favorecen también la motivación y el interés de los más jóvenes gracias a la animación, videos y ejercicios que sean llamativos y divertidos, promoviendo de esta manera un modelo de enseñanza basado en la interacción y en el desarrollo de la creatividad.

Este trabajo fue planificado para alumnos de 4to Año del ciclo orientado, que concurren al Colegio Secundario "Edgar O. J. Morisoli" de la Ciudad de Santa Rosa, Provincia de La Pampa. La institución posee acceso a internet con buen funcionamiento, estaba incluida en el Plan Conectar Igualdad con su correspondiente Referente designado y en el año 2017 se incorporó en el Plan Nacional Integral de Educación Digital (PLANIED)[1].

Estos programas que se proponen desde las políticas educativas a nivel Nacional permiten que los estudiantes tengan mejor acceso en el horario escolar a las tecnologías digitales, pero como plantea Burin y otros (2016) tener acceso a lo digital no significa que tengan un mejor aprendizaje, tampoco que las herramientas tecnológicas innoven por sí solas en las aulas, para que ello ocurra se necesita/requiere cambios en la mentalidad y en las prácticas socioculturales de los actores principales (docentes/alumnos). Se necesita de un dominio cognitivo como habilidades de búsqueda y navegación, siendo necesario organizar sitios y páginas para que los estudiantes realicen una comprensión de los contenidos propuestos estipulando tiempos y actividades como así también la búsqueda de recursos interactivos que permitan dar cuenta de los saberes que los alumnos adquieren.

Debido a la importancia de planificar pedagógicamente el espacio curricular de Matemática es oportuno utilizar como plataforma virtual el Classroom, que además de ser un servicio gratuito, es una red social educativa que permite un enfoque dinámico, facilidad de navegación, agilidad en la calificación de alumnos participantes en un entorno seguro y controlado. Proporciona una comunicación y una organización de los contenidos propuestos en cada clase. Dicha plataforma otorga una fácil configuración, ahorra tiempo y papel, en el año 2020 (debido a la demanda por la situación de Pandemia) mejoró su sistema de comunicación y comentarios, no tiene anuncios y trabaja muy bien con formularios Google, Calendar, Gmail y Drive.

Como se menciona anteriormente, considerando que estos dispositivos pueden ser utilizados como herramientas didácticas dentro del ámbito educativo, y mediante

---

[1] https://siteal.iiep.unesco.org/bdnp/43/resolucion-1536-e2017-plan-nacional-educacion-digitalplanied

acciones propuestas los alumnos deberían acceder a la información en forma individual o colectiva, dentro o fuera del ámbito escolar, sabiendo identificar la veracidad de diferentes fuentes logrando un rol autónomo y responsable. De esta manera al utilizar bien los recursos informáticos pueden adquirir nuevos conocimientos y profundizar en lo que más les interese pudiendo seleccionar y valorar la información que consideren pertinente.

Es importante el hecho de que el uso de las TIC les permitirá un proceso más dinámico, promoviendo la flexibilización en tiempo y espacio, como así también contribuir al aprendizaje colaborativo y constructivista, la búsqueda y publicación de diferentes recursos que permitan dar cuenta de los conocimientos que se adquieren desde el área curricular. Facilitando además no sólo el aprendizaje presencial sino también la semipresencialidad y la modalidad on-line.

Si bien las últimas dos modalidades mencionadas se dan habitualmente en educación superior, terciaria o capacitaciones laborales, en algunas oportunidades, el Ministerio de Educación de La Pampa propone trayectorias flexibles para alumnos con determinadas características; lo cual promueve a que los estudiantes deban desempeñarse en diferentes comunidades virtuales a través de las distintas etapas y situaciones de su vida, pudiendo acceder a la información, el conocimiento, el acceso y la capacitación laboral en cualquier momento y lugar. Esto quiere decir que debe pensarse en una oferta amplia de diferentes modelos de prácticas educativas para las distintas necesidades y requerimientos de nuestros jóvenes, cuya vida pasa por procesos de cambio en varios sentidos (físicos, cognitivos, emocionales, etc.).

 Es fundamental enseñar con tecnología, implementando diferentes software del espacio curricular, como así también recursos multimediales que permitan desarrollar propuestas didácticas creativas en donde el alumno sea activo, crítico y responsable en su proceso de enseñanza-aprendizaje. De este modo se pretende que el alumnado tenga una comunicación constante con sus pares y con el docente siendo capaces de promover debates y defender sus posturas en el aula sobre los saberes que se proponen desde la materia en cada clase.

Hay docentes con miedo, resistencia y frustración al uso de las Tecnologías de la Información y la Comunicación o simplemente en algunos casos no quieren salir de su zona de confort, siendo tradicionales a la hora de dar clases. Esto lleva a que debemos propiciar el cambio en las futuras prácticas del docente, el mismo ya no debe tener el rol de transmitir el conocimiento, sino que debe ser el guía y mediador de la información, con la habilidad de adaptarse a los cambios culturales referidos a las TIC (Area y Adell, 2009).

Las nuevas tecnologías van más allá del saber utilizarlas, debemos conocer realmente sobre su aplicabilidad, porque desde allí podemos ser más creativos e innovadores, poniendo en práctica nuevos modelos educativos, considerando las necesidades e inquietudes de una población estudiantil e institucional permitiendo otras formas de participación. Por lo mencionado anteriormente, se debe contemplar y respetar los diferentes intereses del alumnado estimulando a los mismos en la construcción del conocimiento y del pensamiento crítico, por tal motivo se promueve a revisar y reflexionar sobre la práctica docente actual de modo que se deben generar actividades educativas con TIC para ser implementadas en el aula.

En nivel medio el profesor preparado debe proporcionar herramientas que permitan al alumno analizar, comparar recursos, saber comunicar, obtener información, seleccionar la misma y organizarla promoviendo el interés de los alumnos para mejorar así la calidad del aprendizaje.

Para que esa transformación ocurra se deberá planificar y crear saberes en base a la utilización de TIC, estimulando el conocimiento cognitivo de los alumnos utilizando situaciones problemas y por qué no partiendo de situaciones erróneas (recordemos que el error suele ser base fundamental para aprender y comprender). Es decir, crear recursos y estrategias sabiendo cómo aprenden y qué entienden para poder planear estilos y necesidades de formación, conocer los recursos tecnológicos para darle un buen uso didáctico promoviendo un aprendizaje vivencial que resulte significativo. Evaluando en forma permanente pudiendo detectar tensiones desde el principio, permitiendo una retroalimentación constante y una toma de decisiones fundamentadas por parte de docentes y alumnos, y de esta manera dar lugar a una evaluación en proceso para el aprendizaje.

Al implementar las TIC, el docente deberá no solo evaluar el proceso, sino que también las expresiones constantes de los alumnos, las capacidades de ampliar, de integrar conceptos y de incorporar distintas fuentes de información a las ya proporcionadas en las diferentes situaciones propuestas para el aprendizaje (Cobo, 2016).

Las utilizaciones de las nuevas tecnologías también propician un cambio importante a nivel institucional por modificar el orden metodológico y el dictado de las cátedras, proponiendo secuencias didácticas integradas por las nuevas tecnologías que sean transversales a todos los espacios curriculares. Surgiendo así diferentes modalidades de enseñar que debemos adaptar constantemente según las necesidades sociales, culturales y del mundo laboral para el cual se deben formar las nuevas generaciones de estudiantes.

Para que se lleve a cabo la incorporación de TIC en el ámbito educativo hay que sortear ciertas limitaciones y una de las más importantes es la que expresan los siguientes autores:

> Dentro de las limitaciones identificadas se ha prestado especial interés al desarrollo de acciones de formación y capacitación en las instituciones educativas y en las organizaciones. Entre las respuestas a estas necesidades se destaca la incorporación de la modalidad e-learning y b-learning a los procesos formativos en las organizaciones que se sustentan en la educación abierta y a distancia principalmente. (Montoya ALA, Parra CMR, Lescay AM, 2019, pp 246.)

Finalmente tengamos en cuenta que todos los estudiantes de una forma u otra han adquirido "habilidades digitales" pero desde el ámbito educativo hay que enseñarles habilidades cognitivas como: saber buscar información, conocer diferentes plataformas, realizar navegaciones dinámicas, producir conocimiento y permitir no tener una única visión de las cosas (Adell, 2018).

2.PLANTEAMIENTO DEL PROBLEMA

En la materia "Práctica I" de la Maestría en Enseñanza en Escenarios Digitales con la finalidad de saber cómo los docentes de determinados espacios curriculares implementan y enseñan el uso de TIC en sus prácticas, se realizó un estudio de campo. Se encuestó a alumnos de 3° año, 4° año y a docentes de las materias: Matemática, Tecnología de la Información y la Comunicación y Procesos Tecnológicos. El turno del colegio de nivel medio en el que se realizó la encuesta posee 273 alumnos y fue sobre la utilización de dispositivos y recursos tecnológicos. Los datos recolectados dan cuenta de que los alumnos utilizan las TIC en el aula (ya sea con dispositivos propios o suministrados por la institución) en la mayoría de los casos para incursionar en las redes sociales como: Facebook, Instagram, Twitter, Snapchat, etc. Muchos de los alumnos juegan en red, no haciéndolo en sus celulares porque aluden que el almacenamiento a veces no es suficiente.

En estas situaciones mencionadas se advierten distracciones en el trabajo en clase y un bajo rendimiento académico en los estudiantes. El desafío es trabajar con el fin de que como docentes elaboremos propuestas didácticas interesantes utilizando TIC y que los alumnos aprendan a utilizar dichos recursos para adquirir conocimiento. En los datos que se recolectaron obtenemos como uno de los resultados que un gran porcentaje de los alumnos utilizan más los celulares que las computadoras, que todo el alumnado posee dispositivo móvil, y que las propuestas hechas por los docentes para utilizar las TIC les son indiferentes.

Consideramos que uno de los problemas es que no logran implementarse las TIC de forma tal que se aproveche todo su potencial en el proceso de enseñanza-aprendizaje y sólo se utilizan como repositorio bibliográfico en algunos casos. Por tal motivo en ocasiones son vistas como factor de distracción ya que no son consideradas por los estudiantes como una herramienta para su continua formación. Por lo tanto, debemos replantearnos como docentes las propuestas didácticas ofrecidas para incorporar la tecnología en el aula y dar un buen uso de los recursos tecnológicos para fines pedagógicos.

3. OBJETIVOS

3.1 Objetivo General

Diseñar e implementar un entorno virtual de enseñanza aprendizaje para Matemática en el nivel medio

3.1.2 Objetivos Específicos.

− Seleccionar materiales audiovisuales, interactivos y simuladores.

− Diseñar actividades de trabajo que contemple los saberes propuestos desde los NAP (Núcleos de Aprendizajes Prioritarios), adaptadas al entorno virtual de enseñanza aprendizaje.

− Elaborar propuestas de seguimiento para el aula virtual que permitan dar cuenta que los alumnos comprendan los saberes propuestos.

− Propiciar esquemas conceptuales que permitan la comprensión de saberes para quienes ingresen al aula virtual.

4. MARCO TEÓRICO
4.1 Conectivismo y Aprendizaje Colaborativo

En la actualidad, donde la globalización está presente, se empiezan a estudiar diferentes Teorías de Aprendizajes que se basan en algunas ya preexistentes dando así lugar a una nueva teoría de la era digital llamada Conectivismo. La misma es de suma importancia ya que según Siemens (citado por Gutiérrez, L, 2012) las instituciones educativas pasan a ser parte del mercado económico proporcionando conocimientos y servicios de información como un producto competitivo.

Se puede decir que el aprendizaje debe conectarse y que la conexión es mucho más rica si el trabajo es compartido con otros y facilitado con tecnologías. Si bien algunos autores dudan de que el Conectivismo es una teoría de aprendizaje se lo puede incorporar a las ya existentes.

La propuesta conectivista posee algunas cuestiones que se deben tener en cuenta. Las conexiones son esenciales en el proceso de aprendizaje ya que supone que indagar e investigar en las redes otorga conocimiento, pero no garantiza el aprendizaje. Se considera el aprendizaje como una experiencia inmediata donde la ventaja que se tiene es una gestión colaborativa en editar, organizar y recuperar información.

Otra de las cuestiones es la desinstitucionalización de la educación y olvido del diseño de instrucción, la idea es sostener que se puede aprender en cualquier momento y lugar pero siempre mediado, donde el docente irá replanteando los saberes de los programas curriculares, permitiendo la autocorrección del aprendizaje de los alumnos, interviniendo y mediando un aprendizaje crítico en las redes y proporcionándoles entornos personalizados que favorezcan en los alumnos el aprendizaje significativo. En este sentido el gran protagonista es el aprendizaje colaborativo donde la interacción y la interactividad contribuyen a un aprendizaje activo, proporcionándose un apoyo significativo entre pares y un rol importante del docente como mediador.

Siemmens es un gran propulsor del Conectivismo y sostiene que las TIC alteran nuestra forma de vivir, ya que las herramientas interactivas hacen que podamos gestionar la información generando un pensamiento activo, crítico y rápido. El

Conectivismo responde a la demanda de la educación del siglo XXI que se ve invadida por nuevas tecnologías, la era digital tiene grandes ventajas como por ejemplo incursionar en las diferentes áreas de conocimientos, la posibilidad de adquirir saberes de diferentes formas y de manera continua.

Con respecto al aprendizaje tiene la ventaja de ser colaborativo (como se ha mencionado anteriormente) debido a que las TIC proporcionan herramientas que facilitan el trabajo grupal, permitiendo abordar diferentes áreas de manera transversal ya que un mismo tema se puede tratar con una amplia gama de información promoviendo la alfabetización digital. La desventaja con respecto a lo planteado es que, si la sociedad no está acostumbrada a trabajar colaborativamente, no podremos afirmar que el aprendizaje sea efectivo, como así también   el costo de la tecnología y el avance constante de las mismas respecto al software y hardware. En lo que se refiere a estudiantes permite acceder a la información en cualquier momento y lugar, trabajar en equipo promoviendo interés y desarrollando habilidades en la búsqueda de información. Un contratiempo es la cantidad de material informativo que obtienen, lo que conlleva a que muchas veces terminan en un "corta y pega"; que el equipo de trabajo no sea propicio para el trabajo colaborativo y la distracción no académica en la web.

El profesor que adquiere un amplio conocimiento en tecnologías debe promover el aprendizaje colaborativo y saber aprovechar los recursos como videos, simuladores y diferentes páginas de internet. Siempre se necesita inversión y capacitación continua.

Como se dijo anteriormente debido a la globalización y las necesidades, la educación está siendo parte del mercado y según Morrian (citado por Gutierrez, 2012) los alumnos pasan de ser aprendices a ser considerados consumidores. Es un hecho que todos los programas educativos incorporan las TIC como herramienta fundamental para el aprendizaje, pues la tecnología es parte de la economía actual. Aprender en la conexión de redes es la gran diferencia entre el Conectivismo y las demás teorías de aprendizaje (conductismo, constructivismo y cognitivismo), permite además una auto organización, por lo que el aprendizaje es auto organizado, promueve aprendizajes abiertos a la información y capaces de clasificar su propia interacción con el medio ambiente.

En el Conectivismo la red es el aprendizaje, en la abundancia del conocimiento que es lo que caracteriza a la sociedad actual, permitiendo diferentes puntos de vista y opiniones que dan lugar a experiencias que permiten tomar mejores decisiones. Se presenta como una propuesta pedagógica que proporciona la capacidad de conectarse unos a otros por medio de las redes sociales y/o herramientas colaborativas, extendiendo las prácticas más allá del aula proporcionando experiencias en la vida real, por lo que es esencial tener en cuenta las necesidades de quienes aprenden, el alumno explora los objetivos y éstos deben ser definidos por ellos mismos como así también los recursos a utilizar y de esta manera se motivan a aprender. Las herramientas esenciales son sincrónicas y asincrónicas, y pertenecen a la web 2.0 donde los usuarios son más activos a la hora de recibir información y en la creación de contenidos de manera colaborativa.

4.2 Aprendizaje Abierto y PLE

Otra teoría que se basa en el uso de las tecnologías es la teoría del Aprendizaje Abierto. Todo lo citado hasta el momento nos lleva a un nuevo paradigma: Tecno-económico, ya que las economías mundiales se constituyen en investigaciones, patentamientos, convenios con empresas y universidades, dependiendo siempre del contexto en el cual se encuentren los actores según condiciones: sociales, políticas y económicas.

Según Salinas, J. (2013), el aprendizaje abierto o también llamado educación abierta, es una educación para todos donde se acceden a: programas de educación abiertos que otorgan títulos nacionales, cursos de acceso abierto desde la educación formal y no formal, los recursos educativos abiertos, libros online como también trabajos de investigación y datos abiertos.

La educación abierta es un objetivo de las políticas educativas que se caracteriza por estar al alcance de todos superando las barreras sobre la diversidad de los alumnos que se puedan tener, esto propone un aprendizaje abierto y flexible. La condición de abierto se relaciona con el uso de la tecnología pues así no se le niega el acceso a nadie, utilizando de esta manera las TIC que estén a disponibilidad.

En estos tiempos la sociedad maneja las redes sociales y están zambullidas en el Conectivismo donde no solo se aprende en las instituciones, por lo tanto, se habla de una educación flexible y abierta en la cual cada sujeto desarrolla su PLE (Entorno Personal de Aprendizaje), el mismo cae en lo que se entiende como un aprendizaje abierto donde el usuario accede y controla la forma en cómo aprende, de esta manera el proceso didáctico se centra en el alumno. El PLE son las plataformas educativas individuales de cada alumno con el fin de dirigir su propio aprendizaje y lograr objetivos educativos, donde el sistema se adapta al alumno integrando el aprendizaje no formal y formal. Se puede presentar de dos maneras: tecnológica y pedagógica, se fundamenta el mismo porque utiliza las TIC en el proceso de aprendizaje. Como mencionamos antes el PLE forma parte del aprendizaje abierto, y este último posee dos dimensiones; una se relaciona con lo administrativo, es decir con lo organizacional respecto a cómo, dónde y con qué recursos tecnológicos, mientras la otra dimensión se relaciona con lo didáctico, es decir metas, secuencias, estrategias docentes, etc.

El aprendizaje abierto se centra en el alumno quien toma decisiones sobre si realiza o no las actividades propuestas, selecciona contenidos, y también cómo, dónde y cuándo aprender, a quién recurrir, etc. Los métodos de enseñanza-aprendizaje utilizan las TIC apropiadas en un entorno en red, permitiendo que el alumno pueda crear y a la vez consumir información y conocimiento, accediendo a una nueva manera de aprender. Los EVEA deben generar propuestas tentadoras que permitan ampliar y motivar la necesidad de generar nuevos conocimientos lo que implica que hay que tener una nueva mirada sobre los modelos pedagógicos existentes.

Hoy en día se puede hablar de que existen comunidades interactivas entre alumnos y docentes, y eso se debe a que a veces la comunicación está mediada por un ordenador, pero el potencial para lograr un aprendizaje autodirigido reside en el diseño didáctico con el cual se va a trabajar en la materia en cuestión y no en las TIC.

Las TIC abren diferentes fuentes de cambios al considerar desde las tecnologías educativas como lo son los cambios en la concepción de cómo funciona el aula, los procesos didácticos, en los recursos básicos, materiales, acceso a redes, manipulación de información y ver el costo beneficio respecto a lo didáctico. Algunos de los objetivos que se obtienen al incorporar las tecnologías en la educación es que permiten construir soluciones a las necesidades individuales / sociales del educando y mejora la calidad y efectividad de la interacción.

4.3 Sociedad de la Información y Sociedad del Conocimiento

La presencia de la tecnología tanto en la economía como en el aparato productivo, impactan en las relaciones sociales y hacen que todos los miembros de la sociedad obtengan y compartan información en cualquier momento y desde cualquier lugar dando origen a la sociedad de la información. La misma se fundamenta en los nuevos modelos educativos que se basan en la infraestructura tecnológica para procesar y transmitir información, facilitando las actividades de millones de personas de todo el mundo con la creación e interacción de contenidos electrónicos, promoviendo los procesos de aprendizajes permanentes que permiten modificar los diferentes hábitos de trabajo y propiciando así diferentes maneras de afrontar con éxito desafíos del presente y el futuro. La Sociedad de la Información es sustento y soporte de la Sociedad del Conocimiento, es decir que se trata de una etapa previa donde el conocimiento es el motor para impulsar la innovación del sistema económico.

En cambio, el concepto de sociedad del conocimiento surge porque el conocimiento es fundamental como fuente de producción de las riquezas ya que se basa en la producción de servicios, un eslabón esencial en los procesos sociales de los diferentes ámbitos, siendo éste un recurso económico. Al llegar las TIC, las nuevas actividades del mercado mundial consistían en generar, almacenar, distribuir y procesar información.

El conocimiento es necesario para el mundo productivo y la economía global, porque las nuevas estrategias productivas se basan en el uso de información con fines empresariales, por lo que se busca estudiar modelos educativos que formen personas calificadas para las empresas; entendiendo a la sociedad del conocimiento como economía del conocimiento.

En el avance de la globalización en el cual nos vemos inmersos y somos partícipes es donde las TIC permiten combinar todo tipo de comunicación de masas, y debido a que los alumnos no están exentos de lo que ocurre en la sociedad, es que debemos pensar en un nuevo perfil del estudiante al cual no se le puede enseñar de manera tradicional considerándolo como un mero receptor. Unos de los pilares de la Sociedad del Conocimiento es el acceso a la información y la libertad de expresión donde se comunica y comparte los saberes dando gran importancia a la educación y el acceso a la tecnología con la finalidad de formar ciudadanos competentes en el mundo globalizado, con una preparación intelectual para desempeñarse con eficacia en una sociedad digital, donde se transforma el conocimiento en una herramienta principal para el propio beneficio.

Tanto la ciencia como la tecnología hacen aportes a la Sociedad del Conocimiento ya que su objetivo principal es construir el conocimiento por medio del progreso científico-tecnológico en las instituciones educativas. De esta manera observamos que algunos factores son la innovación y tecnología (que cada vez se desarrolla más rápido). Es así que la innovación, tecnología y creatividad son inseparables dentro de la Sociedad de la Información y la Sociedad del Conocimiento. Por lo tanto, las nuevas demandas en lo educativo para que los cambios sean verdaderamente innovadores es contemplar un trabajo interdisciplinar que integre no solo conocimientos tecnológicos, sino también pedagógicos, promoviendo los procesos formativos no solo obteniendo resultados desde el rendimiento educativo, sino en la construcción del saber de las diferentes áreas del conocimiento por medio de la incorporación tecnológica.

Con respecto a las sociedades del conocimiento y de la información, ambas existen gracias a las TIC, ya que facilitan la comunicación y el intercambio de información masiva, dando lugar así a la generación y transmisión del conocimiento. Dentro de las nuevas tecnologías se encuentran las plataformas virtuales, las cuales contribuyen la innovación en la educación dando lugar a la implementación de bibliotecas digitales, y dispositivos educativos que están al alcance de todo el mundo de manera gratuita, permitiendo que la sociedad del conocimiento se prepare para la alfabetización digital, accediendo a los nuevos modelos educativos para adaptarse y dar respuesta a las nuevas tecnologías que aparecen.

Así nos aseguramos de que el estudiante debe adquirir habilidades digitales, es decir que hay que alfabetizarlo digitalmente para que se sienta incluido en el mundo actual disminuyendo de esta manera la brecha digital y por tal motivo se debe evolucionar tanto en la formación y la capacitación, como así también en las prácticas docentes. Es decir, hay que adaptar las prácticas acorde a los avances, a la inclusión de las tecnologías en la educación y al interés de los alumnos, esto hace que el conocimiento no solo se construya en forma individual, sino que se promueve la construcción colectiva y cooperativa del mismo, distribuyéndose éste en tiempo real (Castell, 2009), de lo contrario se causa desgano y frustración en el aula.

Para disminuir la brecha antes mencionada hay que tener en cuenta los factores socioeconómicos y también no basta con una computadora por alumno-docente sino contar con la infraestructura y la informática necesaria para llevar a cabo los programas propuestos desde las instituciones y los hogares.

La importancia que adquirió la educación online en el año 2020, cuando se declaró la Pandemia, marcará un antes y un después en las prácticas pedagógicas, poniendo en evidencia las brechas sociales, culturales y económicas antes mencionadas. El reto sin dudas es mantener la educación y promover aprendizajes significativos con el desafío que tenemos los docentes de generar propias estrategias y aprendizajes para trabajar en los entornos virtuales enseñando a nuestros alumnos a manejar los mismos, generando un escenario de comunicación con tecnologías que antes solo se utilizaban de soporte y pasan a ser herramienta principal proporcionando un nuevo escenario de comunicación en lo que a educación respecta.

Sabemos que en educación hay una actividad constante de adaptaciones a los nuevos paradigmas sociales, culturales y tecnológicos. Ante la situación de pandemia se presenta una nueva razón para modernizar los procesos que se utilizan en el sistema educativo, donde los estudiantes y docentes tuvimos un gran desafío al pasar de un contexto presencial a otro virtual, cuando al cerrarse físicamente las instituciones educativas queda expuesta la necesidad de innovar en los procesos de enseñanza – aprendizaje.

4.4 TIC, Educación y Brecha Digital

En nivel medio no había antecedentes de cursadas virtuales con anterioridad al ciclo lectivo 2020, como sí ocurre en el nivel universitario y en la educación a distancia que solo se implementaba en la modalidad EPJA [2] (Educación Permanente para Jóvenes y Adultos) y consistía en presentar trabajos de manera presencial con algunas clases programadas para consultas.

En un primer momento se implementan las TIC en el nivel medio a través del Programa Nacional "Conectar Igualdad" en las clases presenciales brindando flexibilidad y confianza entre alumnos y tutores, donde es importante analizar la tríada: docente, alumnos y contenidos a abordar, ya que el docente muchas veces se ve desbordado en la virtualidad con la cantidad de alumnos que tiene a su cargo y el tiempo que conlleva corregir y hacer un seguimiento del proceso de enseñanza.

Con respecto a las actividades que son ricas en debatir por medio de foros, wikis, documentos compartidos podemos sostener que el docente al ser el mediador tiene las mismas funciones que posee en el aula física. Las clases online a través de Zoom o Meet, permiten un importante paralelismo con las clases presenciales donde el docente debe manejar la reunión y proporcionar mediante preguntas una retroalimentación a los estudiantes.

Si en lugar de proponer clases sincrónicas, los docentes dan sus clases a través de videos tutoriales y explicativos sobre un determinado tema, éstos al ser asincrónicos son más llamativos que leer textos. Claro está que los puntos claves de la virtualidad son los docentes, los alumnos y los contenidos que se propongan, es importante saber que expectativas, preparación y participación tienen los estudiantes, mientras que los docentes debemos comprender y entender el nuevo rol, la gestión y la manera de enseñar que tenemos ante la era digital proponiendo contenidos multimediales.

---

[2]

http://digesto.tcuentaslp.gob.ar/digesto%20tribunal/Otros%20Organismos/Mrio.%20de%20Educacion/Resolucion%20112-2018%20-%20Anexo.pdf

Claro que la tecnología educativa se basa en función de otras teorías que aportan para su desarrollo, algunas de ellas son: la teoría pedagógica que aporta desde la didáctica, la organización institucional y el desarrollo del currículum; teoría de la comunicación ya que se considera la educación como proceso de comunicación aportando a la tecnología educativa conceptos e instrumentos; la teoría general de sistemas y cibernéticas donde se diseña un proceso de instrucciones que deben contemplar objetivos, métodos, recursos donde participan todos los integrantes de la comunidad educativa. Pero ¿cómo se relacionan las teorías del aprendizaje y las teorías informáticas?, existen los software educativos y la posible implementación de éstos en el aula conlleva a una reestructuración de las estrategias de enseñanza y sus objetivos.

Hay aplicaciones que por su configuración hacen que el alumno tenga un rol pasivo, para que esto no ocurra, los programas educativos deben proporcionar actividades y juegos que permitan la comprensión y construcción de los saberes.

La teoría del conocimiento situado sostiene que internet es un medio para el aprendizaje, donde se plantea que el aprendiz obtiene el conocimiento de manera situada, aprende a través de la percepción. En este contexto internet responde a las premisas de la teoría mencionada con realismo y complejidad, permitiendo intercambios verdaderos entre usuarios de diferentes contextos culturales pero que tienen intereses similares.

Para que se genere una educación virtual de calidad se necesitan recursos tecnológicos adecuados, acceder a diferentes programas educativos que permitan generar aprendizajes efectivos creando ambientes satisfactorios para docentes y alumnos. En principio el principal uso se les dio a las redes sociales convirtiéndolo en un recurso muy valorado, con ellos se generan entornos virtuales que permiten de manera sencilla mantener la comunicación con los alumnos, como por ejemplo WhatsApp y Facebook.

Recordemos que existe una brecha virtual o digital que afecta a la modalidad online ya que no todos tienen acceso a las tecnologías de la información y la comunicación, profundizando en este sentido las desigualdades socioeducativas que quedaron expuestas en el ciclo lectivo 2020-2021 debido a la situación que se atravesó a nivel mundial con respecto a la pandemia.

Una consecuencia de achicar la brecha digital es que también podemos achicar la brecha cognitiva puesto que al permitir que todos tengan acceso a computadoras y uso de internet se accede al saber y al conocimiento a través de la información haciendo uso de la tecnología. Para que esto ocurra las escuelas son el pasaporte para que nuestros alumnos aprendan a utilizar la informática y la información teniendo un papel activo y participativo en la construcción del conocimiento y que como docentes mejoremos las prácticas pedagógicas y didácticas.

Suponemos que incluir las TIC en educación garantiza una educación para todos, pues por medio de la red la información es adquirida por todos independientemente del lugar donde estén, pero en realidad no todos tienen acceso a internet, entonces hay una discriminación hacia aquellas personas que no pueden por sus recursos económicos o por el lugar donde viven tener acceso a esas nuevas herramientas. De esta manera se origina una Brecha Digital, y se la define como la desigualdad de posibilidades que existe para acceder a la información, conocimiento y educación por medio de las nuevas tecnologías. Dicha marginación tecnológica se transforma en marginación social y personal, por lo tanto, de esta manera se manifiesta la Brecha Social.

Hoy en día la conexión por medio de internet es casi total a nivel mundial, donde el acceso a las TIC en cada país está ligado a las condiciones económicas del mismo, y así a medida que se avanza en los niveles técnicos y económicos muchas veces se retrasa en los aspectos sociales. Tengamos en cuenta que las TIC en una economía global son un elemento estratégico y de competitividad, entonces puede ocurrir que lo que hoy es de acceso gratuito mañana puede tener un costo, implicando que probablemente no se encuentre a disposición de todas las personas. Si bien en algún momento todos tendrán acceso a las nuevas tecnologías, en el mientras tanto las diferencias se acentúan y luego será más difícil el acercamiento.

Por otro lado hay informes de la Unión Internacional de Telecomunicaciones que manifiestan que las TIC pueden: reducir la pobreza (ya que permite el acceso a la información comercial y al mercado mundial a países y empresas en desarrollo), mejorar la sanidad (facilita el monitoreo e intercambio de información de pacientes y enfermedades, como también el avance de diferentes investigaciones mundiales sobre enfermedades), promover desarrollos sostenibles (recursos y software tecnológicos que permitan optimizar los progresos para fomentar el cuidado del medio ambiente) y enriquecer la educación e inclusión (ya que las TIC mejoran la formación de los profesores permitiendo la interacción entre colegas, accediendo a gran variedad de material y recursos, etc.)

 Según Cabero Almenara (2014) cuando se habla de Brecha Digital hay dos líneas, la blanda donde el problema a resolver es solo de infraestructura, tecnología, telecomunicaciones e informática y la dura que es la más compleja donde la Brecha es consecuencia de la desigualdad social y económica de la sociedad capitalista. Al momento de proponer soluciones una parece que con solo acceder a internet se resuelven todos los inconvenientes referidos al aprendizaje, pero desde la otra perspectiva como la brecha digital es consecuencia de la desigualdad o resolvemos esta o por más acceso a las redes y plataformas que se arreglen solo acceden a ella una exclusiva parte de la sociedad.

Claro está que la brecha digital no solo es entre países, sino que también existe en el interior de ellos. No basta con que todos tengan una computadora, sino que deben estar alfabetizados digitalmente, esto quiere decir que debemos tener competencias para el trabajo, la comunidad y la vida social donde hay que saber manejar la información y tener la capacidad para evaluar la relevancia y veracidad de la misma en internet.

La alfabetización debe crear personas competentes en tres aspectos: saber manejar instrumentalmente las TIC, tener actitudes positivas y realistas en la utilización de las mismas y saber evaluar sus mensajes y necesidades en la utilización. También deben proporcionar información necesaria para reconocer valores e interpretar diferentes sistemas de organización social, comunicacional y cultural.

Los alumnos del futuro deben obtener competencias como poder adaptarse a los diferentes ámbitos que se modifican rápidamente, trabajar en forma colaborativa, tener creatividad para resolver problemas, aprender conocimientos, asimilar nuevas ideas, tomar iniciativas y ser independientes, identificar los problemas y desarrollar soluciones prácticas y alternativas, reunir y organizar los hechos, realizar comparaciones sistemáticas, etc. Todo esto conlleva a obtener nuevas competencias para saber interactuar con la información, manejar intelectualmente diferentes sistemas y saber trabajar con diferentes tecnologías.

Cabero Almenara (2014) sostiene que actualmente se le da mucha importancia a la inclusión de las TIC en el proceso de enseñanza – aprendizaje, tanto que hay conceptos que van cambiando, por ejemplo, el aula de informática pasó a ser la informática en el aula y estar en la red pasó a somos parte de la red. En cambio, algo a tener en cuenta es que no es lo mismo tener igual acceso al conocimiento que ser iguales ante el conocimiento, esto quiere decir que al navegar en la web de un lado a otro debemos realizar acciones cognitivas significativas para poder encontrar la información que se requiere según la situación propuesta o planteada.

Una capacidad importante que existe en la brecha digital es la idiomática, ya que la mayoría de los recursos o lugares web novedosos en la red se encuentran en inglés, la brecha generacional también es importante y de gran impacto en la educación ya que los alumnos manejan notablemente las TIC de la comunicación en la cibersociedad y los docentes se sienten inseguros ante el entramado tecnológico. Es por esto que como se menciona en este trabajo deben cambiar los programas de estudio de los profesorados incluyendo las TIC en la currícula.

4.5 Inclusión de TIC en el Proceso Enseñanza-Aprendizaje y en el Curriculum

Hay que pensar en nuevos Entornos Virtuales de Enseñanza y Aprendizaje (EVEA), hay que indagar cuáles son los diferentes recursos online que se tienen a disposición y planificar pedagógicamente en aulas virtuales. Con respecto a esta nueva forma de implementar las prácticas docentes, debemos tener en cuenta cuatro dimensiones: Informativa (los materiales que se le presentan a los alumnos para que trabajen en forma autónoma), Práxica (actividades y acciones que planifica el docente para que el alumno realice en el aula virtual), Comunicativa (los recursos de interacción y comunicación entre docentes y alumnos) y Tutorial y educativa (el docente sigue, acompaña, motiva, etc. al estudiante); de esta manera estaremos promoviendo así a una modalidad e-learning donde se pueda acceder a la información de manera individual o colectiva desde las diferentes fuentes y dispositivos, dándole al alumno un rol autónomo, responsable, con flexibilidad en tiempo y espacio, propiciando un aprendizaje colaborativo y siendo expositor de contenidos.

Con respecto al "e-learning" se lo puede definir como una lección electrónica que permite adquirir conocimiento por medio de la Web. En el escenario formativo del e-learning hay diferentes escenarios: presencial (educación tradicional), semipresencial (se combina lo presencial con tutorías del docente), a distancia (cuando el material didáctico se manda electrónicamente a los alumnos), blended-learning (alumno-profesor/alumno online, incluye actividades presenciales) y e-learning (alumno online con organización tutorial).

Fernández Tilve et al. (2013) sostiene que un desafío importante del e-learning es crear contenidos tanto en lo material como en la disposición de los mismos teniendo además en cuenta algunas dimensiones como: técnica, estética, didáctica, etc. En este sentido se supone una tarea para el e-formado en la cual la acumulación de información se transforma en conocimiento.

Hablar de e-learning entonces es hablar de una economía basada en conocimiento, basada en la sociedad de la información y el conocimiento para todos, donde no solo importa qué recursos TIC utilizan los actores del sistema educativo, sino también que competencias adquieren en el aula virtual que se les proponga, las cuales deben convertirse en una herramienta didáctica importante y poderosa que permita diversificar actividades y experiencias de aprendizaje donde las TIC se vean integradas con eficiencia y eficacia en el currículo.

El modelo mencionado en los párrafos anteriores permite organizar las clases para los alumnos que se encuentran en diferentes lugares geográficos, permite que los estudiantes puedan adquirir el material en cualquier horario y es interesante proponer que dicho material sea interactivo y autónomo, ofreciendo actividades "cara a cara" empleando así diferentes enfoques.

Cuando se prepara un curso e-learning hay que tener bien en claro el objetivo, donde a su vez es importante tener información de los alumnos y así poder proponer contenidos que sean de su interés, el resultado será seguramente un curso eficaz. Obviamente además del interés de los alumnos para que un curso sea efectivo hay que tener en cuenta los recursos y las limitaciones tecnológicas del alumnado. Con respecto a los métodos pedagógicos que se pueden implementar en el e-learning se tiene; lecciones interactivas, simulaciones, discusiones en línea, propuestas de evaluación y encuestas.

La inclusión de las TIC promueve por ejemplo la posibilidad de que dos o más personas a la vez puedan realizar un mismo trabajo práctico con la tecnología como mediador del proceso, permitiendo a los estudiantes producir un aprendizaje colaborativo, y también abre las puertas para el cambio en todos los ámbitos de las personas, pero no tienen un efecto directo en el aprendizaje, para que impacte hay que proponer actividades planificadas, se deben usar como un recurso de apoyo, adquirir y desarrollar competencias para poder manejar las TIC y no planificar de manera paralela al proceso de enseñanza.

Tanto la Sociedad del conocimiento como las nuevas tecnologías inciden en todos los niveles del sistema educativo, las escuelas deben acercar a los estudiantes a la cultura actual, donde las actividades educativas deben estar dirigidas al desarrollo psicomotor, cognitivo, emocional y social. En este sentido las TIC son el medio de exposición e instrumento para procesar la información a través de diferentes software, variedad de herramientas didácticas tanto para aprender como para autoevaluar; también son fuentes abiertas de información a través de todos los sitios web y plataformas; son un canal de comunicación presencial por medio de pizarras como también un canal de comunicación virtual a través de las aplicaciones para foros, videoconferencias, etc.

En este sentido sería conveniente que en las instituciones exista un plan de formación para integrar las nuevas tecnologías a la educación, donde la finalidad del mismo sea: que todos accedan a las tecnologías de la información y la comunicación, favorecer la utilización de internet y la motivación, reforzar el desarrollo de redes y cooperación entre los diferentes actores, crear un entorno de aprendizaje abierto, innovador y atractivo.

Cuando las TIC son incluidas en una escuela se pueden presentar tres escenarios: el tecnócrata cuando la tecnología se incluye para mejorar el proceso de la información y luego como fuente de información y proveedor de material didáctico; el escenario reformista que consiste no solo en incluir las TIC como fuente de información, sino que además se implementan nuevos métodos de enseñanza- aprendizaje; y el tercer y último escenario es el holístico donde se llevan a cabo la reestructuración profunda de todos los elementos (Alcántara Trapero, 2009).

Como todo lo que se implementa, las TIC tienen ventajas y con respecto a éstas, desde el aprendizaje las nuevas tecnologías promueven la motivación, la interacción y con ellas el desarrollo de iniciativas, aprender por medio del error como fuente de aprendizaje y mayor comunicación entre docentes y alumnos. Fomentan el aprendizaje colaborativo y la posibilidad de trabajar transversalmente, promueven la alfabetización digital para desarrollar la habilidad de búsqueda y selección, como también visualizar simuladores.

Con respecto a las desventajas, en el aprendizaje hay que cuidar la distracción y la dispersión de los alumnos sobre la navegación en sitios web que no son propicios para el estudio, muchas veces ocasiona pérdida de tiempo el hecho de buscar mucha información, la cual hay que saber seleccionar acorde a la veracidad de las mismas y que no estén descontextualizadas respecto a la situación de aprendizaje que se propone. Los estudiantes si no hacen buen uso de las TIC pueden sufrir adicción, aislamiento, cansancio visual y malas posturas al estar mucho tiempo frente a un dispositivo. Mientras que en los docentes la desventaja es el estrés, ya que consume demasiado tiempo en la preparación y búsqueda de recursos didácticos apropiados.

En lo que respecta al rol del docente, ya no será quien todo lo sabe y transmite conocimiento, sino que es un mediador que debe motivar, reforzar y orientar las prácticas del hábito de estudio planificando estratégicamente las aulas virtuales para captar la atención de nuestros estudiantes y promover aprendizajes significativos a partir de la construcción del conocimiento. El docente debe utilizar sus habilidades con las TIC para incluirlas en el desarrollo de sus prácticas, buscar recursos y materiales que permitan trabajar en lo formal e informal, presencial o virtual. Diseñar entornos tecnológicos y materiales en base a los intereses de los alumnos.

Para que esto ocurra el docente debe analizar la variedad de medios que se ajusten y potencien al máximo la disciplina en la cual trabaja; por ejemplo, en el texto "Enseñanza e innovaciones en las aulas para el nuevo siglo" (1997) Cecilia Cerrotta plantea "[…] Tener acceso a una computadora (por lo menos) y a la diversidad de productos existentes que puedan potenciarse en favor de las disciplinas que se enseñan en la escuela media". (p.11). Hay que invitar a pensar y reflexionar propuestas y actividades para trabajar con los alumnos acerca de la tecnología y su impacto en la vida social, cultural y política de la sociedad.

Por otro lado, es importante incluir las propuestas mediadas por tecnologías digitales en el diseño y desarrollo curricular. El currículum cuando es planteado como proyecto educativo es una propuesta política – educativa que se debe elaborar e interpretar según el contexto. Debe respetar las diferentes culturas, costumbres y atender las realidades a las que aspiran y tienen, es decir que su propósito es mejorar la calidad de vida de los estudiantes.

Todas las escuelas poseen un PEI[3] (Proyecto Educativo Institucional) el cual se desarrolla en
Jornadas Instituciones con todos los docentes de cada área donde se plantean los saberes y las metodologías   de enseñanza y evaluación. Es aquí donde hay que comenzar a incluir las TIC para que se utilicen con fines curriculares, apoyando a las disciplinas y estimulando el aprendizaje.

Hay seis modelos para incluir las TIC en el currículum, el Anidado que es cuando se estimula el trabajo de diversas habilidades; Tejido en este modelo se propone un tema y se teje con otros contenidos, por lo tanto, las TIC sirven de apoyo para examinar información; Enroscado, como la palabra lo indica se trata de enroscar

---

[3] El PEI es el enunciado general que concreta la misión y la enlaza con el plan de desarrollo institucional donde se le da sentido a la planeación a corto, mediano y largo plazo.

habilidades sociales de pensamiento, inteligencia y estudio por medio de diversas disciplinas a través de buscar superposición de ideas y conceptos utilizando las TIC; Inmerso cuando uno puede filtrar contenidos con la utilización de las nuevas tecnologías sobre una disciplina en particular; y en Red cuando el alumno filtra su aprendizaje y genera conexiones internas que lo llevan a interactuar con redes externas utilizando las TIC. Para poder incluir las tecnologías primero hay que vencer el miedo y descubrir el potencial que tienen, luego hay que conocerlas y usarla en diversas actividades y finalmente incluirlas al currículum para un fin educativo, la incorporación claro está debe ser gradual, partiendo de actividades guiadas y programadas para poder conocer los recursos tecnológicos hasta la utilización para crear ambientes constructivistas de aprendizaje (Orjuela Forero, 2010).

Integrar curricularmente las TIC implica como primera medida diagnosticar qué saben los alumnos y los docentes sobre las mismas y qué necesidades tienen de éstas, para luego capacitar en base al diagnóstico a todos los actores del proceso de enseñanza-aprendizaje, planear cómo se integrarán las TIC especificando estrategias metodológicas y pedagógicas, recursos y herramientas, y finalmente desarrollar las estrategias planificadas, esto hace que se empiece a reconocer la potencialidad de las TIC en el proceso pedagógico y se libere el temor que se tiene al momento de implementarlas. El uso de las mismas es hipermedial, entonces surge aprender por diferentes medios para responder a la diversidad de un aprender multimedial, donde las telecomunicaciones permiten la globalización de las aulas. En este sentido las actividades interactivas que se propongan deben suponer que aplicar las TIC como un medio de construcción que permite extender la mente, usar las tecnologías para aprender con ellas y no de ella, y un uso planificado para que las utilizaciones de las mismas sean efectivas y significativas.

Según Riveros y Mendoza (2005) los principios que orientan el uso pertinente de la tecnología se relacionan con aprender en forma constructiva y un saber colectivo, un aprender activo, social e individual, aprender para entender, aprender como un proceso social, colaborativo, cooperativo y socialmente comparativo; aprender como interacción social, aprender distribuido socialmente, situado, generalizado y autorregulado.

En este proceso de aprender por medio de las TIC los alumnos deben adquirir algunas habilidades con respecto a lo que alfabetización digital se refiere y se clasifican en niveles. Nivel básico es donde el alumno debe tener un conocimiento general (documentos escritos, planillas de cálculo, etc.), conocer los elementos del hardware, entradas y salidas del computador. Un nivel intermedio en el cual deben poder crear documentos multimedia, utilizar las TIC como ayuda y resolver problemas. En un último nivel ya las TIC son una herramienta para el contenido curricular donde el alumno las utiliza como herramienta para construir un conocimiento y obtener así un aprendizaje significativo.

Bartolome et al. (2015) sostiene que la utilización de las TIC por parte de quienes transmiten el conocimiento puede ser de dos maneras, obligatoria o voluntaria para ampliar las clases como recurso o instrumento. Cuando el uso es de manera voluntaria el docente puede pretender una liviandad laboral y poder cambiar la estructura de la materia en cuanto a contenidos; si es obligatorio el uso puede ser contraproducente pues el docente no está familiarizado con el uso de las TIC. La mayoría de los docentes de hoy en día no tuvieron recursos tecnológicos en su biografía educativa, entonces la primera condición es el trabajo colaborativo entre los profesores socializando los resultados que adquieren al implementar las TIC.

Con respecto al docente que implementa las TIC, se ve muchas veces presionado por el hecho de ser innovadores y de desarrollar propuestas flexibles que den lugar a articular diversos espacios curriculares, lo que conlleva tiempo y en muchos casos los educadores deben ponerse a estudiar esos espacios que no son de su área; se exige una transmisión de valores para contrarrestar los problemas sociales y finalmente muchas veces el docente es víctima de la sociedad de la información porque se ve afectado negativamente por la políticas que no aporta en términos de recursos materiales y además se tienen que capacitar y trabajar a la vez provocando un cansancio laboral (Bartolome et al.,2015).

Como se menciona anteriormente es importante incluir las propuestas mediadas por tecnologías digitales en el diseño y desarrollo curricular. El currículum cuando es planteado como proyecto educativo es una propuesta política –educativa que se debe elaborar e interpretar según el contexto. Debe respetar las diferentes culturas, costumbres y atender las realidades a las que aspiran y tienen, es decir que su propósito es mejorar la calidad de vida de los estudiantes.

La idea de tener en cuenta los problemas sociales, hace que el compromiso sea para mejorar socialmente, dando lugar a los valores y no a la competencia.

Analizando a Herrera y Didriksson (1999), algunas cuestiones que se deben tener en cuenta para diseñar y desarrollar un currículum:

- Se debe proponer un currículum integrado, que se base en proyectos y necesidades de los alumnos, donde el docente tiene como desafío hacer que el alumnado sea activo, participativo y propicie opiniones críticas.

-Un currículum que permita la elaboración y producción de conocimientos y procesos cognitivos por parte de alumnos a través de procesos de aprendizajes que se amolden a las formas en que trabajan nuestros estudiantes (propiciando la integración de las TIC por ejemplo ya que son nativos digitales y el mundo laboral requiere de la tecnología).

-Currículum que permita la flexibilidad, iniciativa de los alumnos, una orientación en el tiempo futuro acorde a las necesidades sociales.

Entendemos que las TIC se instalan a gran velocidad y hoy son necesarias provocando un gran cambio en los modelos pedagógicos haciendo que los docentes cambien métodos y recursos para mejorar los procesos de enseñanza-aprendizaje, la tecnología permite acortar distancia, mantener la comunicación sin tener contacto físico, creando una gran variedad de modelos organizativos, tecnológicos y pedagógicos para generar una enseñanza en base a la comunicación ubicua, instantánea y sostenida en el tiempo buscando una calidad educativa con la ayuda de la tecnología.

4.6 Tecnología Educativa

Podemos hablar de una disciplina pedagógica denominada Tecnología Educativa, que surge en los años 50 en Estados Unidos por la confluencia de tres factores: la difusión e impacto social de radio, cine, tv y prensa; el desarrollo de los estudios y conocimientos en torno al aprendizaje del ser humano bajo los parámetros de la psicología conductista y los métodos y procesos de producción industrial. Donde el objeto de estudio es la introducción de recursos de comunicación para que los procesos de enseñanza – aprendizaje sean más eficaces. En los años 70 se extiende a otros países llegando así a Argentina y se relaciona con las necesidades derivadas de los procesos tecnológicos industriales.

En la actualidad las tecnologías educativas se están reformulando gracias a la emergencia de nuevos paradigmas y por la revolución que implican las nuevas tecnologías de la información y la comunicación; y algunas ideas sobre esta disciplina son: la Tecnología Educativa es un espacio de conocimiento pedagógico sobre los medios, la cultura y la educación en el que se cruzan las aportaciones de distintas disciplinas; estudia los procesos de enseñanza y de transmisión de la cultura mediados tecnológicamente en distintos contextos educativos y la naturaleza del conocimiento de la Tecnología Educativa no es neutro ni se mantiene al margen respecto a los intereses y valores que existen en el contexto en el cual se implementan.

Dicha tecnología asume que los medios y tecnologías de la información y comunicación son objetos o herramientas culturales que los individuos y grupos sociales reinterpretan y utilizan en función de sus propios Intereses. Los métodos de estudio e investigación de la Tecnología Educativa son eclécticos, en los que se combinan aproximaciones cuantitativas con cualitativas en función de los objetivos y naturaleza de la realidad estudiada. Hoy en día el ámbito de estudio de la Tecnología Educativa son las relaciones e interacciones entre las Tecnologías de la Información y Comunicación y la Educación (Area Moreira,2009).

Otra concepción de Tecnología Educativa es que se dedican especialmente a utilizar recursos audiovisuales en el proceso de enseñanza-aprendizaje. Por tal motivo la tecnología es considerada un medio de enseñanza que está configurado por: soporte físico o material, la información que posee, la forma en que se representa la información y la finalidad o el propósito que tiene en la educación.

La educación puede lograr sus finalidades más trascendentales mediante el uso sistemático de la tecnología educativa, que emplea diversos medios y recursos para el aprendizaje escolar, ya sean los tradicionales (libros, pizarra, entre otros), o las herramientas que ofrecen las TIC. Cabe destacar que Tecnología Educativa no es lo mismo que tecnologías de información y comunicación, ésta última son las herramientas digitales que permiten almacenar, representar y transmitir información y la tecnología educativa es la disciplina pedagógica encargada de concebir, aplicar y valorar de forma sistemática los procesos de enseñanza y aprendizaje, valiéndose de diversos medios para que la educación logre sus finalidades.

Area Moreira (2009), citado por Torres Cañizález y Cobo Beltrán (2017) señala que la tecnología educativa es un campo de estudio que se encarga del abordaje de todos los recursos instruccionales y audiovisuales; por tal motivo, el número de herramientas tecnológicas se ha multiplicado exponencialmente (actividades digitales de aprendizaje, portafolios, elaboración de blogs, entre otros), diseñadas para dinamizar los entornos escolares y promover la adquisición de nuevas competencias. Entonces se logra diferenciar, pues las Tecnologías de Información y Comunicación solo agrupan aquellos recursos relacionados con los medios de comunicación (cine, televisión, radio, internet) que sirven y son responsables para transmitir contenidos con valor educativo a un grupo de participantes o una sociedad.

Implementar el uso de tecnología en la educación no implica incrementar su uso así porque sí, sino poder detectar cuales son los beneficios que las alternativas tecnológicas podrían aportar para conseguir que los estudiantes aprendan mejor, donde los éxitos de las TIC, se dan en cuanto los profesores las incorporen en el ámbito didáctico, promoviendo la participación activa de los alumnos y basándose en los principios de la globalización, la interdisciplinariedad y transdisciplinariedad, empleando acciones que se derivan del aprendizaje experiencial, por descubrimiento, proyectos y por problemas.

El manejo de la tecnología debe plantearse como una finalidad de la educación actual y de esta manera el sistema educativo responde a las necesidades de la sociedad de la información, donde dentro del abanico de las competencias que deben adquirir los alumnos en el transcurso de su vida escolar deben contemplarse el uso eficiente, responsable y ético de la tecnología, lo cual es imprescindibles para la supervivencia, ya sea como ciudadano o como trabajador, en la sociedad del conocimiento.

Todo lo nuevo implica un reto para los docentes ya que las tecnologías están generando cambios estructurales en la organización y el desarrollo de las disciplinas, mediante la incorporación de nuevos modelos de aprendizaje.

El uso de la tecnología no es solo una cuestión técnica, con ella se deben plantear cuestiones básicas y exigir nuevos modelos de aprendizaje, los cuales tienen que dejar bien en claro los objetivos educativos y éstos a su vez tener en cuenta las nuevas oportunidades que presentan las tecnologías. El uso de las TIC puede ser como apoyo a un aprendizaje tradicional (como se menciona en párrafos anteriores) o promoviendo un aprendizaje distribuido, éste se lleva a cabo tanto en las clases presenciales como en las virtuales, donde se hace uso de todas las potencialidades de las tecnologías. Donde los alumnos no solo interaccionan con ellas, sino a través de éstas, y lo hacen con profesores y compañeros donde la interacción es sumamente necesaria para ciertas disciplinas.

Utilizar estas nuevas tecnologías requieren una planificación estratégica, porque en la actualidad si bien algunas instituciones tienen un plan de infraestructura informático, que es necesario, pero no suficiente para implementar nuevos modelos pedagógicos en la educación. Se necesitan desarrollar planes donde se especifiquen cómo se van a implementar los nuevos recursos tecnológicos en el proceso educativo. En primer lugar, hay que ver si las TIC se van a implementar en favor solamente de su desarrollo, o si bien se van a implementar en función de las necesidades de los alumnos y los objetivos de los docentes. Entonces hay que planificar un modelo docente que contemple todas las formas: presencial, virtual, con turnos, a distancia o bimodal.

Las tecnologías son un medio y no un fin, y la planificación para el docente, no corresponde a un espacio curricular en particular, se pueden tener en cuenta a todas las disciplinas donde en muchas oportunidades será más importante cómo se enseña que en qué se enseña. El plan estratégico para implementar los nuevos modelos educativos basados en las Tic será exitoso si docentes y alumnos están convencidos y además cuentan con el apoyo necesario para la utilización de las mismas. También se debe especificar cómo se utilizará la tecnología en el proceso enseñanza-aprendizaje, ya que los modelos que se implementen deben contar con el apoyo de la institución y todo el equipo docente debe trabajar en conjunto para lograr los fines propuestos. Es muy importante tener en cuenta el seguimiento del modelo que se propone para detectar las fallas y así poder ir reestructurando en base a las necesidades de manera continua.

El uso de las tecnologías se va imponiendo en los modelos docentes, y se requiere un cambio estructural y cultural para desarraigar prácticas habituales. Si bien se está en una etapa inicial sobre la implementación de las nuevas tecnologías, desde un principio se debe abordar con una visión clara el cambio y las actitudes del actual modelo docente.

En este sentido las formas de enseñar evolucionan, gracias a la incorporación de las TIC y a los nuevos paradigmas ya que los estudiantes dominan en su mayoría diversas redes sociales e información, donde se dan en gran parte diferentes tipos de aprendizaje. En el año 2020 (año de pandemia) se conocen y utilizan múltiples ventajas de las tecnologías para organizar contenidos, evaluaciones y realizar controles de actividades.

Del mismo modo las propiedades de las plataformas o aplicaciones que se ofrecen a los alumnos les deben permitir a éstos acceder a una educación de calidad, y para que esto ocurra los docentes deben estar dotados de herramientas que les permitan complementar el contenido del diseño curricular con las tecnologías de la información y la comunicación, así cada educador puede utilizar diferentes programas y configurar un aula virtual que sea impactante para sus alumnos.

Los docentes deben enseñar por medio de TIC, centradas en los estudiantes y con las adecuaciones curriculares pertinentes, las plataformas virtuales adecuadas, teniendo en cuenta que las nuevas tecnologías deben ir acompañadas de una buena planificación pedagógica, estrategias y recursos innovadores, de lo contrario son un desperdicio.

Para innovar en proyectos educativos que se basen en TIC hay que eliminar las brechas digitales que se mencionan en párrafos anteriores, en éstas hay o existen varias dimensiones: económica (ya que no todos acceden a la tecnología), política (hay que tener en cuenta la regulación de las TIC), tecnológica (recursos en cuanto se refiere a la red), social (la población que no puede acceder) y cultural (pensamientos y actitudes hacia la tecnología).

La utilización de los recursos tecnológicos EVEA permiten que los alumnos interactúen con el docente y sus compañeros de clase, dependiendo de la plataforma que se utilice puede ser mediante comentarios en un hilo de conversación, a través de foros, videoconferencias activas como lo permite por ejemplo la aplicación Zoom[4] o bien desde el Classroom con Meet[5]. Estos entornos de enseñanza – aprendizaje son libres de restricciones en tiempo y espacio en la enseñanza presencial y pueden asegurar la continuidad de la comunicación virtual entre docentes y estudiantes complementando con actividades virtuales la enseñanza presencial.

Nace así la necesidad de un nuevo sistema educativo, nuevas políticas educativas, nuevos escenarios y materiales, nuevas formas de organizar métodos educativos que permitan una educación acorde a las necesidades de los educandos en base a la sociedad actual y los avances tecnológicos, para lo que se necesitan educadores capacitados en didácticas en redes.

Dichos recursos son importantes y enriquecedores si se utilizan como medio de información ya que permiten informar y difundir, propiciando el intercambio de opiniones, visualizaciones y respuestas inmediatas a participantes, y como medio de relación porque se puede intercambiar información entre usuarios sobre diferentes intereses Area, M. y Adell, J. (2009).

A través de los recursos digitales se pretende que los estudiantes aprendan a leer e interpretar las propuestas que tanto los docentes como los alumnos ofrecen, respetando y justificando debida y adecuadamente cada postura, primando en el

---

[4] Servicio de videoconferencia basado en la nube que puede usar para reunirse virtualmente con otros, ya sea por video o solo audio o ambos, permitiendo realizar chats en vivo y grabar esas sesiones para verlas más tarde.

[5] Servicio de videotelefonía desarrollado por Google

razonamiento sobre las diferentes situaciones que necesiten de contenidos curriculares para poder ser resueltas.

Para lograr captar a nuestros estudiantes es necesario la utilización de recursos digitales atractivos que a su vez proporcionen una comunicación atemporal y flexible que permite ser una opción positiva ante el ausentismo que pueden presentar algunos integrantes del alumnado por diferentes razones personales y/o sociales.

Los instrumentos que se propongan deben agilizar las prácticas por lo tanto hay que fomentar la utilización de dispositivos como herramientas pedagógicas permitiendo una organización de las actividades, proporcionando al alumno un orden de la materia y una actualización constante de ideas y recursos.

En el marco de esta gran conectividad que se desarrolla en red y que genera un conocimiento en la sociedad actual, por lo que se denomina "Constructivismo Social" permite que el conocimiento se genere de manera dinámica y cambiante donde la persona aprende a través de la internalización del conocimiento social construido (Gros y otros, 2012).

Ante el libre acceso a gran variedad de datos, hay que enseñar a los estudiantes a seleccionar las fuentes de información, dándole sentido a lo que se propone aprender, siendo el estudiante el que construye su aprendizaje, ofreciéndole el docente ser su soporte y apoyo, es decir que tanto los docentes como los alumnos debemos trabajar en forma conjunta.

En este sentido se proponen "Teorías Pedagógicas" que configuren nuevos procesos de enseñanza – aprendizajes mediados por tecnologías de la Información y la Comunicación, incluir tecnología en los curriculum y que la educación se centre pura y exclusivamente en el estudiante y no en el profesor.

La integración de las TIC se debe hacer en forma gradual desde el currículum y la didáctica (Sanchez, 2002), es decir hacerlas parte del currículum con un uso armónico y funcional para el propósito del aprender específico de una disciplina escolar. La combinación de TIC y enseñanza mueven al alumno a un nuevo lugar de entretenimiento (Merril, 1996) citado por Jaime Sánchez Ilabaca (2003), se deben promover sus usos para estimular el aprender, integrándolas como una herramienta que está vinculada a la currícula y con un objetivo curricular.

En el área de matemática las TIC deben permitir la adquisición del conocimiento, mejorando la capacidad de los estudiantes para resolver diferentes situaciones por medio de distintas soluciones o caminos dando una gran importancia a la resolución de problemas, utilizando herramientas tecnológicas para interpretar, procesar y resolver distintas cuestiones referidas al área, esto implica que se puede incluir en el curriculum como criterio de evaluación el hecho de disponer de habilidades y conocimientos de herramientas tecnológicas en un contexto significativo Arrieta(2013).

Las TIC se pueden incluir en la matemática por medio de imágenes, gráficos, utilización de software, hojas de cálculo, etc. Permitiendo a los alumnos experimentar, conjeturar, corregir y manipular información, pudiendo de esta manera materializar a través de diferentes simuladores conceptos que muchas veces son abstractos.

Si se propone enseñar matemática utilizando TIC, el proceso de enseñanza-aprendizaje se ve favorecido en varios aspectos como por ejemplo comprender y mejorar sus aprendizajes, observar conceptos a través de software que les permita interactuar manipulando elementos con los cuales puedan comprender propiedades, organizar y analizar datos, interpretar diferentes unidades de medida visualizando figuras y cuerpos, etc.

Es importante que los docentes investiguen y utilicen diferentes recursos que se encuentran en la web para poder implementar y trabajar en el aula, ya sea presencial o virtual. El gestionar una clase utilizando TIC hace que el aprendizaje sea más homogéneo con la utilización de diferentes software propios de la materia, donde los recursos dinámicos permiten una consolidación de los conceptos y propiedades favoreciendo el razonamiento, adquiriendo además percepción visual, competencia lingüística y digital.

Las TIC pueden llegar a jugar un papel muy importante en el proceso de enseñanza y aprendizaje de las matemáticas, pero si se utilizan correctamente. Es más, si su uso no es el adecuado, pueden llegar a trazar un camino tortuoso pasando de ser una potente herramienta a una barrera que impida el proceso.

4.7 TIC y Matemática

Tanto el proceso de enseñanza como el de aprendizaje son diferentes, por lo tanto, a veces no se pueden usar las mismas TIC en ambos procesos. En el proceso de enseñanza el grupo de herramientas TIC estará compuesto por herramientas específicas para la materia o para la educación en general. Así, la pizarra digital, en lo que a hardware se refiere, puede ser un buen aliado del docente por sus posibilidades. En cuanto al software o aplicaciones específicas podríamos citar, con la mirada puesta en el software libre, las siguientes: Xmaxima, GeoGebra, Kig, Kmplot, Geomviewe, etc.

Si bien los alumnos conocen mucho los recursos tecnológicos y los docentes se han capacitado, no hay que tener miedo de implementarlas en el aula porque el objetivo es enseñarles y que ellos aprendan matemática y no enseñarles a utilizar las TIC. Esto quiere decir que pretendemos apoyarnos sobre el conocimiento previo que tenga nuestro alumnado para conseguir el o los objetivos que se plantean en el aula. Este conocimiento previo del alumno se debe aprovechar y saber conducir para conseguir los objetivos que nos proponemos. Se puede aprender Matemática de forma ociosa con algunos de los recursos que se pueden utilizar para contribuir al aprendizaje de las matemáticas con el uso de las TIC. En Internet y en repositorios educativos específicos podemos encontrarnos diversas herramientas que pueden ayudar a los alumnos en el proceso de aprendizaje y para las cuales no se necesita un conocimiento informático (Revelo y Carrillo, 2018).

Uno de los principales objetivos que como docentes tenemos en el desarrollo de las matemáticas, es el cambio de actitud para dar los pasos al iniciar la resolución de problemas, dándoles a los estudiantes la habilidad de cómo deben realizar una adecuada interpretación de diferentes tipos de información, donde ellos mismos podrán buscar la solución a los problemas que se le presenten en su vida diaria, esto es una de las competencias que requiere el estudiante. A su vez, con la cantidad de información que se puede obtener en la web, las matemáticas que es nuestro caso se ha visto muy beneficiada, porque existen gran cantidad de software que le permiten a los estudiantes mejorar la visualización de conceptos y asegurar una comprensión de ellos.

Las influencias más importantes que está permitiendo el uso de las TIC en el proceso de enseñanza-aprendizaje es la interacción dinámica de los estudiantes en el espacio curricular de matemática porque permite construir el aprendizaje enfocándose en el entorno digital donde los diferentes software permiten resolver problemas propuestos, mejorando la capacidad de investigar y el manejo de la información.

Hay una gran variedad de páginas web, que permiten que además de que el alumno aprenda pueda divertirse desarrollando los ejercicios. En dichas páginas se pueden encontrar temas como operaciones algebraicas, números y operaciones, geometría, ecuaciones, estadística y probabilidad, resolución de problemas. Uno de los softwares más usados en matemática es el GEOGEBRA, de acceso gratuito muy recomendable para la enseñanza de las matemáticas en las instituciones educativas, dentro de sus áreas de trabajo está la geometría, aritmética, álgebra, cálculo, funciones, estadística, trigonometría y probabilidad. Tiene la particularidad de tener una base de datos muy amplia de actividades, simulaciones, ejercicios y lecciones. Es una herramienta muy útil donde el estudiante puede ampliar sus conocimientos, descubriendo nuevas formas de interactuar y relacionar sus conceptos básicos de matemática. Es importante recalcar que las TIC sirven como apoyo en aquellos estudiantes con dificultades cognitivas para que al integrarse a un grupo se apoyen y complementen; para encontrar el camino más adecuado al realizar la actividad que el docente les pide.

Los usos de navegadores web permiten localizar, filtrar, organizar, evaluar y clasificar información y el contenido, permitiendo desarrollar un aprendizaje colaborativo en el área de Matemática, promoviendo una interacción mediante la gestión, uso y aplicación de la comunicación digital (Revelo y Carrillo, 2018).

Los entornos digitales permiten crear y gestionar contenidos específicos del espacio curricular mencionado, también los software libres específicos permiten realizar modificaciones según las necesidades de los alumnos en el proceso de enseñanza-aprendizaje de la matemática. Las TIC permiten construir ideas y conceptos matemáticos facilitando el aprendizaje por descubrimiento (Revelo y Carrillo, 2018).

De esta manera es importante indagar sobre las características que tengan las diferentes herramientas digitales disponibles y en base a ello prever actividades con TIC que permitan que el alumno tenga un papel constructivista, promocionando el trabajo individual, colectivo y/o colaborativo, propiciando el debate desde diferentes puntos de vista, promoviendo una retroalimentación continua tanto en las prácticas como en el proceso de evaluación. Que a su vez se le permita contar con herramientas cognitivas y competencias que les permitan accionar de un modo crítico, creativo, reflexivo y responsable sobre la abundancia de datos, para que puedan aplicarlos a diferentes contextos y entornos de aprendizaje y así construir el conocimiento adecuando, el uso de recursos digitales para obtener distintas estrategias didácticas y metodológicas.

4.8 Evaluación

La manera de dar cuenta que el alumno adquiere las habilidades y saberes, es por medio de la evaluación. La misma supone un juicio sobre la calidad de los aprendizajes que obtiene el alumno como consecuencia de la participación en diferentes actividades de enseñanza-aprendizaje. Esto quiere decir que a partir de una cierta actividad que se propone, la idea es que el alumno incorpore nuevos saberes trabajando en forma conjunta con el docente.

Existen distintas prácticas de evaluación, la primera es la inicial, es decir la evaluación diagnóstica, que se realiza en un primer momento para recolectar los saberes previos y así establecer de donde hay que partir. La evaluación formativa, se lleva a cabo durante el proceso enseñanza-aprendizaje y nos permite mejorar el actuar docente, son regulatorias ya que permiten ajustar el proceso educativo según las necesidades de los alumnos. En este tipo de evaluación el estudiante debe ser consciente del proceso de la construcción del conocimiento y el objeto de aprendizaje y la evaluación formativa final sirve para indicar si el alumno finalmente alcanzó o no los objetivos mínimos del espacio. Las prácticas evaluativas están compuestas por diferentes niveles: el programa, la actividad y la tarea evaluativa.

En este contexto debemos plantear que merece ser evaluado, cómo y para qué sirve, proyectando un programa de evaluación que permita dar cuenta las diferentes maneras de recoger información sobre el proceso de aprendizaje de los alumnos, la frecuencia y el orden de esas actividades, el tiempo en el que se ubican las mismas dentro del proceso de enseñanza y el uso que se le da por parte de los alumnos y el docente a la información que se recolecta en dichas evaluaciones.

Existen diferentes etapas dentro de la evaluación que debemos tener en cuenta como, por ejemplo: las actividades que se preparan para que los alumnos sean partícipes, las actividades que se encuentran en la evaluación, las correcciones, la comunicación y la valoración de las diferentes respuestas para generar nuevas tareas. El concepto de evaluación es muy amplio, se lo puede definir como una recopilación de información por parte del docente que permite dar un juicio de valor sobre el aprendizaje que alcanzan los estudiantes como resultado de la participación de las actividades de enseñanza propuestos.

Iturrioz y González (2015) sostienen que en varias oportunidades se confunde lo que se enseña con lo que se aprende y eso se ve reflejado cuando un docente dice que va a evaluar lo que enseñó, sin reconocer que el alumno transforma o reconfigura lo que se le transmitió.

Las nuevas tecnologías dan la posibilidad de una evaluación basada en la transparencia en el debate, intercambio y discusión de los participantes, aportando tres cambios importantes. Estos son:

- la evaluación automática que es aquella en la cual los alumnos obtienen de manera automática las respuestas y correcciones, como por ejemplo los test
- evaluación enciclopédica cuando deben elaborar trabajos que son de investigación y desarrollo donde hay un fácil acceso a las fuentes de información
- evaluación colaborativa donde se evalúa el proceso además del producto promoviendo la responsabilidad compartida.

El aporte de las TIC en el proceso de enseñanza-aprendizaje son los diferentes potenciales para desarrollar dicho proceso. Además de la gran conectividad que proporcionan, hay un formalismo ya que existen diferentes pasos a seguir, instrucciones precisas para acceder, procesar y transmitir, con respecto a esto favorecen los procesos cognitivos y metacognitivos relacionados con planificar y ejecutar acciones según un plan establecido en función de los requerimientos tecnológicos.

Hay interactividad permitiendo un cara a cara según necesidades, propiciando que el alumno construya su postura ante diferentes opiniones, entonces se permite mejorar la autoestima cuando logra construir un aprendizaje significativo. Existe dinamismo porque permite representar fenómenos por medio de simuladores que dan lugar a una mejor comprensión. Se generan recursos multimediales porque se permite crear entornos que combinen distintos formatos de representación de la información. Otra característica que permiten las nuevas tecnologías es la incorporación de la hipermedia ya que el alumno puede explorar la información de manera autónoma y según sus intereses.

Según Lafuente Martínez, M (2003), diseñar evaluaciones por medio de herramientas tecnológicas lleva a pensar en el diseño pedagógico, las actividades instruccionales desde lo pedagógico y tecnológico, de aquí surge el Diseño Tecnopedagógico.

En primer lugar, hay que abordar el estudio de los diferentes dispositivos y sus propiedades usados en los momentos de prácticas de evaluación en el uso real que le dan los docentes y alumnos entorno a los contenidos, tareas que se abordan, ya que la interacción pedagógica y tecnológica es una relación compleja y no se asegura una coherencia entre ambas. No solo se basa en los recursos tecnológicos que se tiene, sino en la planificación de las actividades y en el uso pedagógico efectivo de dichos recursos que realizan los estudiantes.

Considerar los criterios a tener en cuenta sobre qué dispositivos son más o menos concretos, el diseño de actividades coherentes y qué se integren teniendo en cuenta los objetivos de la materia, que sea retroactiva permitiendo dar lugar a nuevos descubrimientos de contenidos y aprendizajes, que permitan desarrollar entornos personales y autónomos. Actividades que permitan en forma paulatina saber qué construyó el alumno como conocimiento implicándose en las actividades propuestas y no solo considerar la evaluación para calificar.

5. PROPUESTA

El diagnóstico realizado permite afirmar que en ocasiones las propuestas que hacemos los docentes con recursos tecnológicos en el aula resultan poco atractivas para los estudiantes. Por lo que se plantea implementar un aula virtual para el desarrollo del Espacio Curricular de Matemática, de fácil acceso y gratuita que permita a los estudiantes tener acceso a los saberes de manera organizada, poder disponer del material de las clases en cualquier momento y lugar, consultar diferentes recursos interactivos y realizar consultas sobre todos los saberes propuestos.

En nuestro caso elegiremos trabajar con Classroom, dicho recurso es una red social educativa que permite un enfoque dinámico y de fácil navegación, entre el panel de actividades que posee se puede organizar clases, temas y asignar tareas, roles, organizar a grupos de estudiantes y tiene la ventaja de que toda la información y/o material se guarda de manera automática en el Drive.

Permite trabajar colaborativamente con documentos compartidos y establecer vínculos entre docentes y estudiantes favoreciendo el debate y la construcción del saber.

5.1 Organización

En base a la propuesta y a los objetivos planteados anteriormente se desarrolla y propone un EVEA en el cual los alumnos puedan acceder a los saberes correspondientes al área y año de cursada, esquemas conceptuales (figura 1) sobre la materia en su conjunto como también de cada unidad a desarrollar (números reales, función lineal, sistemas de ecuaciones y trigonometría). Se propician espacios donde se pueden consultar links de diferentes recursos, actividades que contienen los saberes básicos que se proponen desde los NAP, propuestas interactivas que permitan detectar los errores para poder reestructurar las clases siguientes tomando a éste como fuente de conocimiento, actividades a entregar, etc. El código de acceso para matricularse en el curso del año 2021 es: **mnjm6lz**, y el del año en curso (2023): **5scqbjj**

La plataforma seleccionada (Classroom) permite asignar roles, puede haber más de un docente, lo que permitió incorporar a las Docentes de Apoyo a la Inclusión (DAI) (figura 2), para los trabajos adaptados que deberán asignar a sus alumnos, permitiéndoles a ellas trabajar de manera autónoma y a los alumnos estar cómodos al ser asignaciones de trabajos individuales y personalizados.

Figura 1: Desarrollo del tema Sistemas de Ecuaciones y su esquema conceptual.

Figura 2: Equipo docente del aula conformado por la profesora, auxiliar docente y DAI.

Classroom tiene un diseño y funcionamiento muy accesible, posee pestañas organizadas en novedades (muro principal donde aparecen las notificaciones), trabajo en clase (muestra la lista de temas y lo que contiene cada una), personas (los integrantes de la clase) y las calificaciones (rendimiento de los alumnos, pestaña que no está en la interfaz que le aparece a los alumnos) si bien no tiene herramientas de evaluación se puede utilizar el Google Form o incorporar recursos a modo de material que permitan hacer ejercicios interactivos. En este recurso se pueden crear desde tareas hasta materiales como se muestra a continuación (figura 3).

Figura 3: Lista de acciones que se pueden proponer desde el rol docente.

En la sección material se puede ofrecer recursos en diferentes formatos (PDF, cuadros conceptuales), actividades interactivas de repaso, trabajos prácticos a desarrollar. De la misma manera en la sección tarea se pueden presentar diferentes actividades, pero con la finalidad de que las mismas tengan una formalidad de entrega obligatoria.

Como la utilización de diferentes aplicaciones de Google requiere que los alumnos posean un determinado correo (en este caso Gmail) se realizarán en primera medida dentro de las clases propias de la materia espacios de trabajo para alfabetizar digitalmente sobre la creación y el manejo de cuentas de correos electrónicos, adecuación de los diferentes dispositivos de trabajo (computadoras, celulares, tablet, etc.). Así también realizar un recorrido por el EVEA propuesto desde el espacio curricular, conociendo las diversas formas de registrarse en él (por invitación o con código) y la variedad de recursos que posee, como así también el uso de aplicaciones y/o programas pertinentes para el espacio curricular.

Así mismo cada actividad que se propuso está ordenada por temas, permitiendo una buena organización del aula (Figura 4)

Figura 4: Organización de classroom por temas del espacio curricular

En lo que respecta a la organización, los alumnos se adaptaron a la plataforma, utilizaron la posibilidad de hacer comentarios privados en las actividades propuestas como así también comentarios en las comunicaciones de las novedades y consultas en los lugares donde se publicaron los materiales (figura 5).

Figura 5: Entrega de actividades online y comentarios sobre la actividad propuesta

5.2 Clases Sincrónicas

En el espacio virtual propuesto se organiza la plataforma en temas, uno de ellos hace referencia al link de la clase virtual en vivo: "Link para clases Virtuales" (acción que se llevó a cabo en el 2020 y los meses de Mayo a Julio del año 2021 cuando se implementaron dos medidas políticas: ASPO[6] y DISPO[7]), el recurso a utilizar en este caso es ZOOM. Esta plataforma permite realizar videos, videos conferencias, donde las mismas pueden ser grupales o individuales, permite el uso compartido de pantalla, pudiendo tanto docentes como alumnos mostrar e interactuar en la corrección de ejercicios y/o situaciones propuestas, se pueden grabar, lo que permite obtener un recurso más rico con la interacción de los interesados permitiendo a los alumnos que por diferentes motivos no se pueden unir de manera sincrónica acceder al material en otro momento. También posee chat y la posibilidad de compartir archivos en el momento de la reunión. A modo de seguridad tiene la sala de espera, donde el docente permite el ingreso solo de los alumnos que correspondan a la clase (figura 6).

---

[6] Aislamiento Social, Preventivo y Obligatorio.

[7] Distanciamiento, Social Preventivo y Obligatorio.

Figura 6: Link y cronograma de clases virtuales

En este sentido el link que se genera para las clases online es recurrente permitiendo de esta manera volver a utilizar el mismo si los cuarenta minutos destinados en ese momento no alcanzan, se graban y luego se suben bajo el título "CLASE DEL (Fecha)" (figura 7), quedando como recurso donde los alumnos que no estuvieron presentes en la reunión pueden obtener el material, y los que participaron pueden rever en caso de necesitar a la hora de la autocorrección de las actividades propuestas.

Figura 7: Archivos de las clases virtuales sincrónicas.

Al quedar la información en el EVEA puede ser utilizado cada vez que el alumno lo requiera promoviendo la retroalimentación y proporcionando un modelo de clase invertida si consideramos que los alumnos al participar activamente de manera asincrónica pueden anotar y enumerar aquellas dudas que surjan para consultar en la siguiente clase sincrónica.

Con respecto a las clases sincrónicas, podemos decir que de un total de 23 alumnos asistían a las mismas entre 7 y 13 en las clases que se daban una vez por semana según la organización del cronograma que presentó la escuela. (Anexo II).

5.3 Actividades Propuestas

Dentro de las actividades que se proponen está la resolución de diferentes trabajos prácticos que permitan adquirir los saberes matemáticos haciendo uso de la plataforma y diferentes recursos, con el objetivo de que puedan manipular las diferentes herramientas para ser participantes activos consultando, debatiendo, observando y cumpliendo con actividades que se propongan (figura 8).

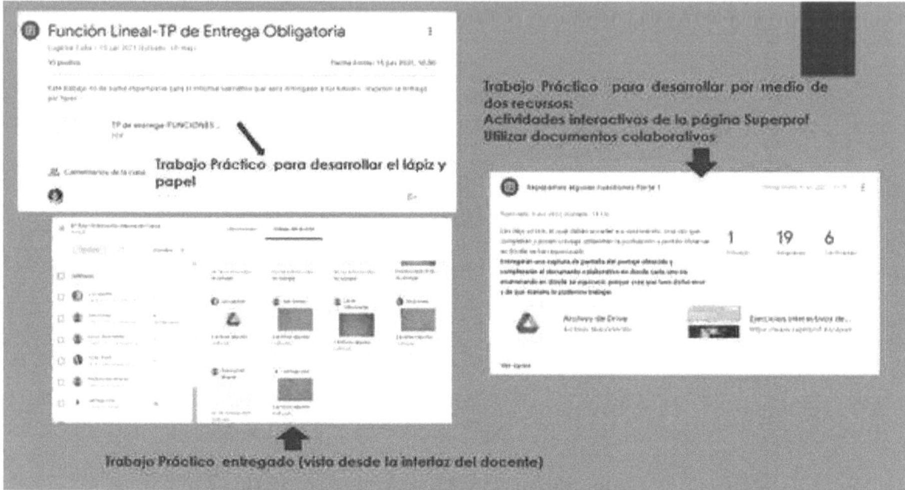

Figura 8: Actividades propuestas utilizando recursos TIC

Presentar una lista de diversos recursos tecnológicos que permitan abarcar los diferentes temas que se proponen desde los NAP (figura 9), como así también realizar un cronograma de uso y disposición sobre los recursos que tiene la Institución Educativa para implementar las TIC tanto en el aula como fuera de ella (aulas móviles, proyector, etc.) y así lograr una organización institucional para uso y cuidado de los dispositivos tecnológicos.

Figura 9: Recursos TIC para realizar diferentes actividades relacionadas con la materia.

Los elementos de la lista de saberes se irán completando a medida que transcurran las clases, presenciales, virtuales o combinadas, ya que dentro de cada saber propuesto y ordenado se encontrarán:

- Las clases semanales: videos donde docentes y alumnos interactuamos en la explicación, desarrollo y corrección de actividades propuestas realizadas por Zoom. Este recurso permite que los alumnos que se conectan por medio de dispositivos móviles puedan interactuar de manera escrita por medio de la pantalla táctil, o bien muestran con su cámara la situación en la cual tienen dudas, permitiendo el docente hacer captura de pantalla, y mostrarla sobre el Paint, recurso que permite editar la foto haciendo las correcciones necesarias. Las mismas se suben al EVEA bajo el rótulo de material.

- Trabajo Práctico: actividades para aprender los saberes propuestos., con actividades prácticas que son de producción del docente.

- Actividades interactivas: por medio de páginas con contenidos matemáticos, cuya entrega sea obligatoria, como así también elaboración de documentos colaborativos: informes que permitan revalorizar el error como fuente de aprendizaje. (Figura 10)

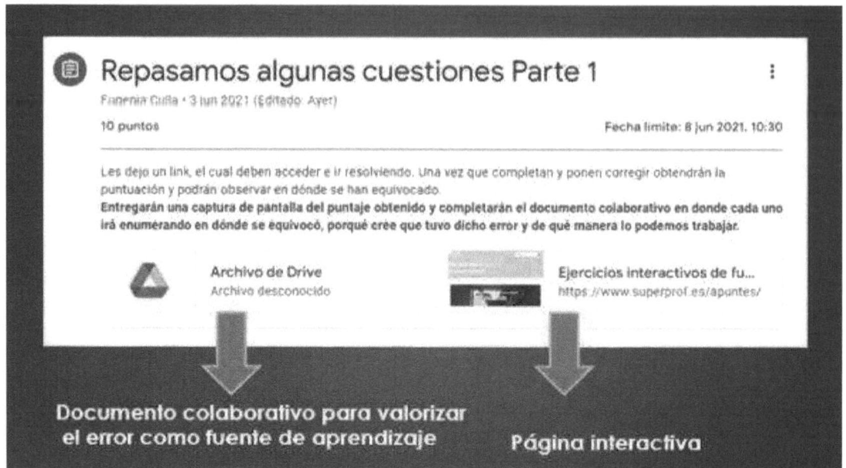

Figura 10: Actividades con páginas interactivas y documentos colaborativos.

- Recopilación de recursos que los alumnos utilizan como soporte además de los propuestos por el profesor, como por ejemplos videos de YOUTUBE (Classroom código: **5scqbjj** se encuentran recursos solicitados por un grupo de alumnas), ya que los mismos son de fácil acceso y muchas veces proporcionan un rico debate cuando alguien encuentra otro método diferente propuesto por el docente para resolver las actividades dadas en las clases.

- Proporcionar un esquema conceptual del espacio curricular para que los alumnos puedan organizar la información que se les facilita (figura 11), y la posibilidad de plantear que ellos realicen dichos esquemas conceptuales por tema o trimestre.

¿Que vamos a ver este año?

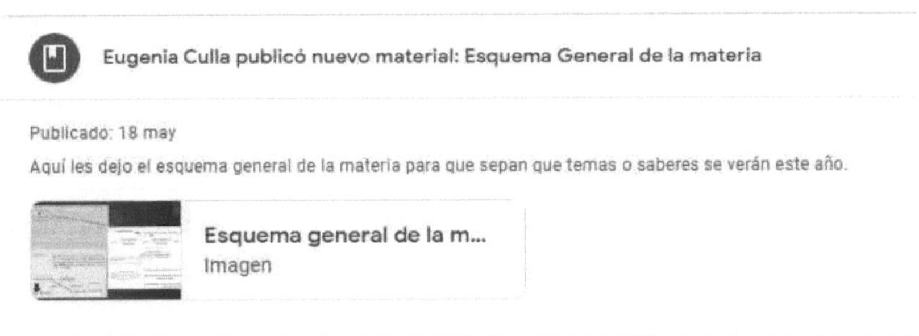

Figura 11: Esquema de saberes que se desarrollarán durante el ciclo lectivo.

- Establecer tiempos y espacios físicos o virtuales para que los alumnos puedan dar cuenta de la información que poseen y de los conocimientos que puedan adquirir propiciando la seguridad en sí mismos combatiendo el prejuicio de que el error es mal visto, sino promocionar el mismo como fuente de conocimiento y punto de partida para lograr un aprendizaje constructivo y significativo (como se muestra en la figura 9).

- Promover la búsqueda de páginas interactivas y de interés de los alumnos para que puedan incorporar a la plataforma que se les ofrece, haciéndolos partícipes del diseño de las diferentes herramientas que se propongan para las clases y también incentivar el trabajo colaborativo en la elaboración de informes.

- Proporcionar los recursos online como tareas virtuales, videos y/o conferencias para casos extraordinarios como pueden ser las trayectorias flexibles (situación que se da cuando los alumnos no concurren a la escuela físicamente por un largo período), ayudando pedagógicamente no solo al alumno, sino también a la maestra domiciliaria que se nombra desde el ministerio para el acompañamiento.

Con respecto a lo planteado en el párrafo anterior, en el EVEA se proponen varios recursos que se incorporan como trabajo de entrega y que permite realizar actividades interactivas dando a su vez las correcciones correspondientes. Uno de ellos es "Superpfrof", la misma corresponde a un proyecto que nace en Francia y se extendió a casi todo el mundo llegando también a Argentina. Si bien es un servicio pago de clase particulares online, en el dominio español hay una interfaz https://www.superprof.es/apuntes/escolar/matematicas/ que proporciona resúmenes teóricos, explicaciones, actividades para resolver y actividades interactivas sobre los diferentes temas que se dan en el nivel medio, tiene la opción corregir, donde la misma proporciona las correcciones de manera instantáneas permitiendo que el alumno de cuenta de los errores cometidos (tabla 1).

Matemáticas	
Geometría Analítica	Cónicas-Distancias-Rectas-Vectores
Aritmética	Enteros-Naturales-Proporcionalidad-Racionales Reales-Sistema Métrico Decimal-Sucesiones Números Complejos-Decimales-Divisibilidad
Trigonometría	Trigonometría
Álgebra	Polinomios-Ecuaciones-Inecuaciones-Logaritmos
Álgebra Lineal	Sistemas de Ecuaciones-Programación Lineal Determinantes- Matrices

Tabla 1: Temas que proporciona la página respecto a diferentes áreas de matemática.

- También se proponen actividades con "Quizizz"[8], son cuestionarios que se pueden realizar de manera sincrónica o asincrónica, proporcionando una

---

[8] https://quizizz.com/

retroalimentación inmediata a las respuestas de los alumnos, no requiere instalación y es de licencia gratuita, pudiendo el docente crear sus actividades o recurrir a un repositorio en el cual también se pueden modificar los ya existentes acordes a las necesidades del grupo (figura 12).

Figura 12: Actividades integradoras de operaciones con expresiones decimales y funciones lineales propuestas en Quizziz.

Con respecto a lo mencionado anteriormente se les propuso actividades de repaso (figuras 13-1415) no solo para observar los saberes obtenidos y reforzar aquellos inconclusos, sino para conocer la plataforma propuesta y luego una actividad de cierre para la cual algunas actividades debían ser resueltas en papel para luego volcar el resultado en el recurso TIC, donde se observan resultados obtenidos (figuras 16) permitiendo revisar qué saberes o conceptos han adquirido o no cada uno de los estudiantes.

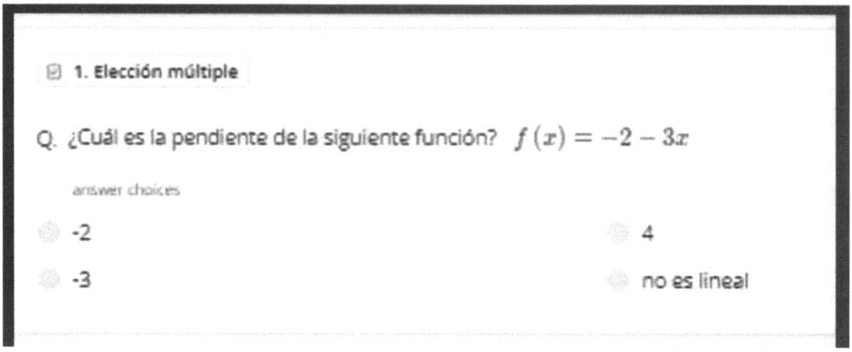

Figura 13: Actividad 1 para identificar parámetros de la recta

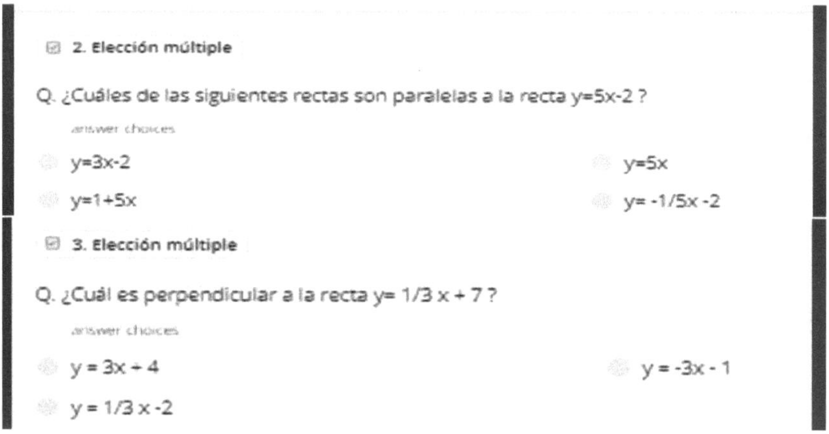

Figura 14: Actividades 2 y 3 sobre el concepto de paralelismo y
perpendicularidad.

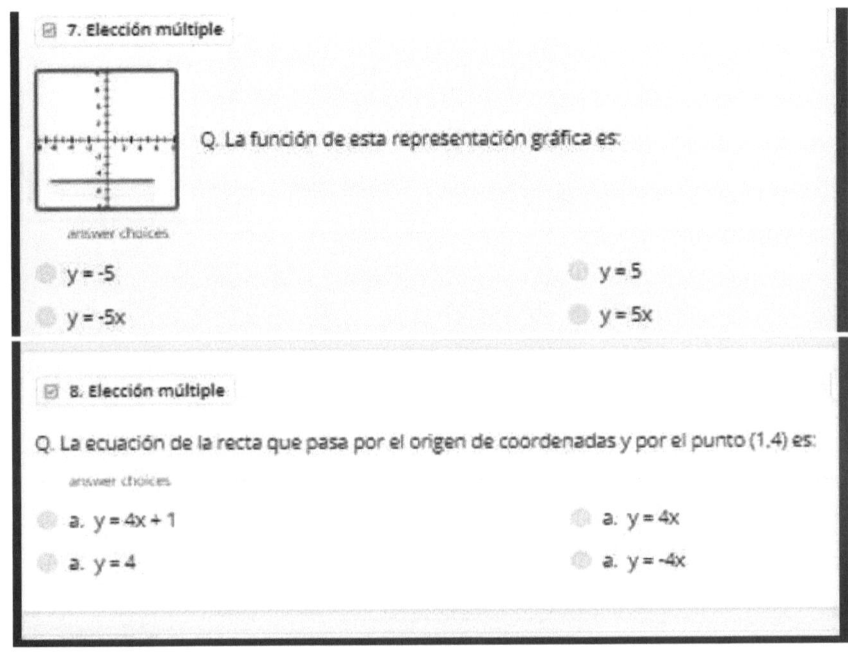

Figura 15: Actividades 7 y 8 sobre representación gráfica y recta que pasa por dos puntos.

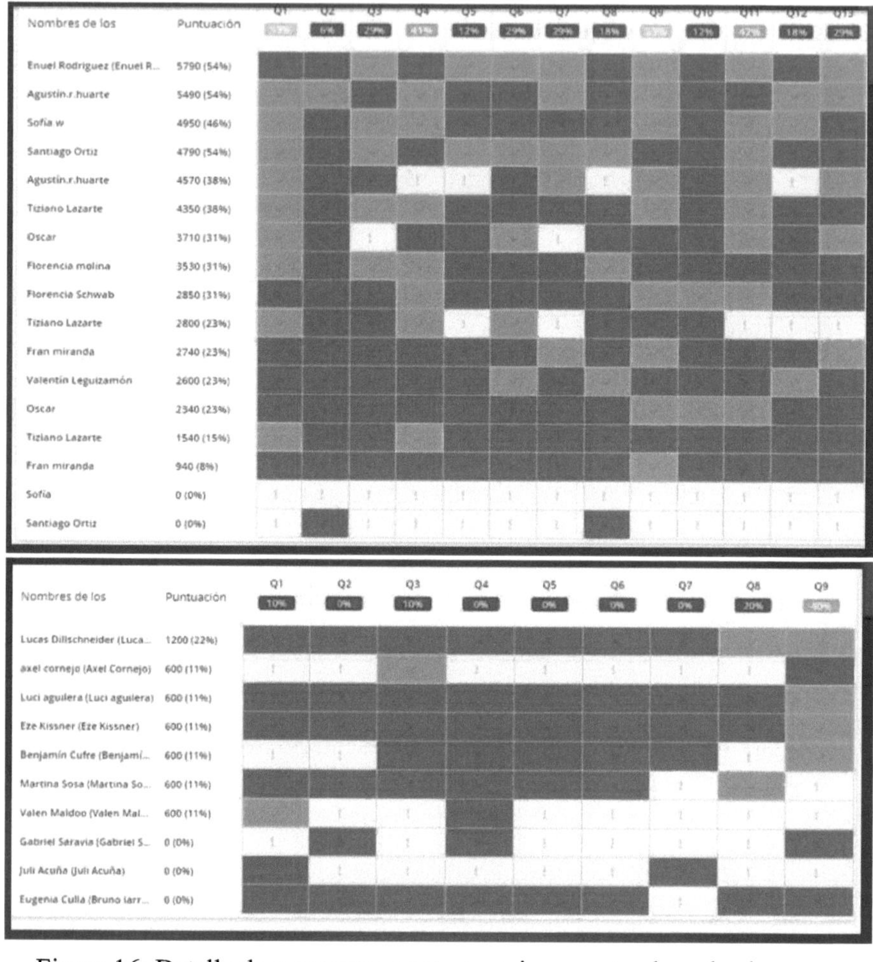

Figura 16: Detalle de respuestas correctas e incorrectas de cada alumno.

Otras tareas interactivas que se pueden proponer es por medio del recurso That Quiz[9], la misma es una herramienta 2.0 que ofrece un servicio de exámenes aleatorios gratuitos que dan a conocer el resultado de los mismos de manera inmediata. Permite cargar la lista de alumnos creando una clase de manera que las

___

[9] https://www.thatquiz.org/es/#

calificaciones se importan automáticamente. Las actividades se pueden crear o bien utilizar las realizadas por otros docentes utilizando el repositorio (figura 17).

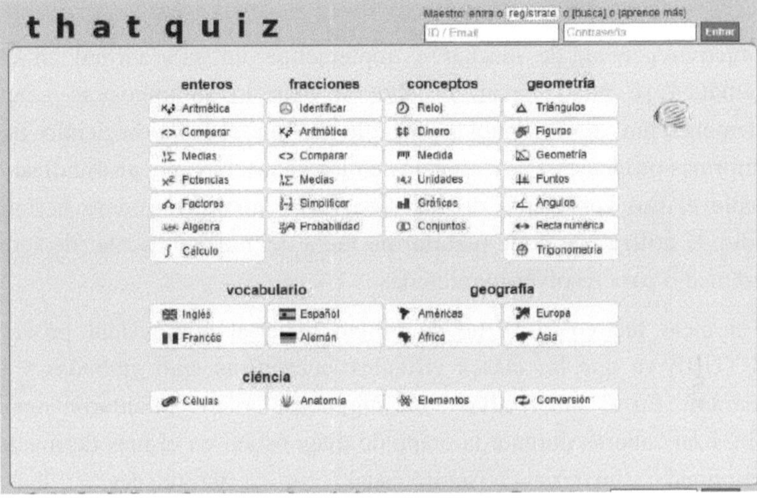

Figura 17: Interfaz ThatQuiz

Estas tres herramientas que se proponen permiten dar cuenta del proceso de los alumnos en la adquisición de saberes, como también implementar la evaluación como un proceso, ya que, intercalando las clases explicativas, de corrección y de desarrollo de las actividades propuestas con juegos que involucren ejercicios o preguntas que den cuenta de la adquisición de saberes, conceptos y estrategias de resolución de situaciones problemáticas.

A modo de organización como estando de manera virtual los encuentros con los alumnos son una vez por semana, en la plataforma el día que no tienen clase virtual y respetando el horario de la materia se les recordará en el muro de novedades las actividades que estamos haciendo y el encuentro virtual de la clase siguiente. De esta manera se tiene una especie de organización y rutina respecto a lo que es una escolaridad totalmente presencial e interactuar por medio de consultas asincrónicas sin perder el vínculo pedagógico.

5.4 Sobre algunos resultados obtenidos:

El objetivo general de diseñar e implementar un aula virtual en el área de Matemática se pudo llevar a cabo, si bien los alumnos se adaptan a la implementación de las nuevas tecnologías en el aula haciendo uso de las plataformas propuestas, hay aspectos en los cuales hay que profundizar como por ejemplo el uso consciente de los recursos tecnológicos como herramienta de estudio, la utilización de la plataforma fuera del horario escolar de ser necesaria como medio para resolver inquietudes.

 En el ciclo lectivo 2021 no se utilizó material audiovisual proveniente de YOUTUBE ya que las clases virtuales sincrónicas eran grabadas y subidas a Classroom. En el año lectivo 2022 algunos alumnos solicitaron material para profundizar saberes durante la etapa de diagnóstico en el mes de marzo y se les proporcionó material audiovisual y actividades de repaso: https://www.youtube.com/watch?v=PnATAsxu_oo (figura 18). Se propuso trabajar con páginas interactivas que contemplan los contenidos que se pautan desde los Núcleos de Aprendizajes Prioritarios, donde los alumnos se comprometieron con la actividad propuesta de manera online. Pero se obtienen mejores resultados en la participación si la misma tarea se realiza por medio de recursos tecnológicos, pero de manera presencial, es decir en el aula.

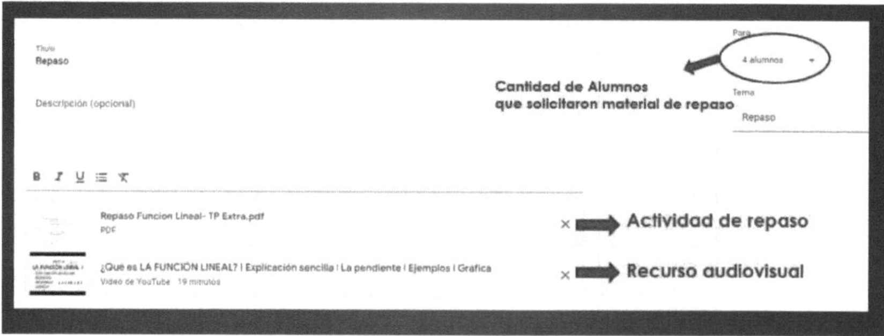

Figura 18: Actividades solicitadas por alumnos.

Las actividades antes mencionadas se logran corresponder con los saberes prioritarios, las mismas fueron modificadas en función a las propuestas en el aula cambiando algunas consignas de las ya establecidas en el repositorio de la plataforma utilizada y otras fueron creadas acorde a las necesidades de los estudiantes.

En lo que respecta al dictado de las clases virtuales, luego de un arduo trabajo de concientización sobre la importancia de participar en las mismas, se logró que un considerable número de alumnos participaran de éstas, realicen preguntas y prendan en alguna oportunidad sus cámaras para mostrar sus inquietudes plasmadas en el papel en base a las actividades propuestas.

 En el año 2021 se implementó durante un tiempo la bimodalidad (clases alternadas entre presencialidad y virtualidad) lo que conllevó en ese momento a cambiar ciertas estrategias y aprovechar el espacio de presencialidad para el uso de TIC, ya que es importante que el hecho de estar presentes en el aula no debe impedir que se promueva la implementación de los espacios virtuales para que los estudiantes logren hábitos de participación a través de los diferentes recursos tecnológicos. Adquiriendo así otra manera de aprender fuera de lo tradicional, no solo en el aula con un debate y consultas, sino exponiendo las actividades que se proponen perdiendo el miedo a equivocarse y comprender que en el aprendizaje la comunicación en todos los medios es importante para adquirir conocimientos.

En base a las propuestas realizadas, se logra la participación de alumnos en propuestas colaborativas (figura 19); en las actividades interactivas propuestas desde con el recurso Quizziz, que les resultó más atractivas que las dadas por medio de ThatQuiz y Superfrof.

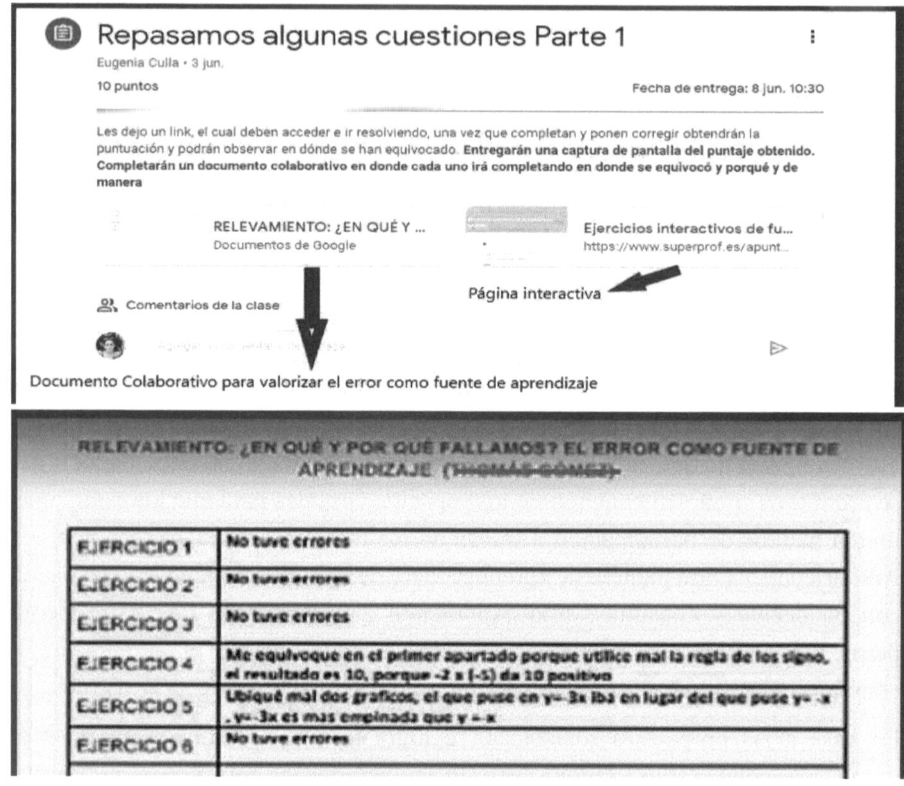

EJERCICIO 1	No tuve errores
EJERCICIO 2	No tuve errores
EJERCICIO 3	No tuve errores
EJERCICIO 4	Me equivoqué en el primer apartado porque utilice mal la regla de los signo, el resultado es 10, porque -2 x (-5) da 10 positivo
EJERCICIO 5	Ubiqué mal dos graficos, el que puse en y=-3x iba en lugar del que puse y= -x . y=-3x es mas empinada que y = -x
EJERCICIO 6	No tuve errores

Figura 19: Actividad propuesta y captura de pantalla de las respuestas del documento colaborativo.

Si se obtiene por medio de las plataformas un seguimiento que da cuenta de la participación de los alumnos en los trabajos propuestos y del avance de éstos en la adquisición de saberes, en el caso de Classroom permite hacer una observación de las entregas, a través del cuadro de clasificación (figura 20); en cambio por medio del recurso digital Quizizz, se puede observar detenidamente qué hay que reforzar en cada alumno en particular, obteniendo un seguimiento más específico respecto a la adquisición de saberes (figura 21)

Ordenar por apellido ▼	23 ago 2021 Trabajo Integrad... de 10	16 ago 2021 Trabajo Integrad... de 10	15 jun 2021 Función Lineal-T... de 10	8 jun 2021 Repasamo s alguna... de 10	15 abr 2021 Repaso de 10
Promedio de la clase			6.83	8	6.67
lautoro 200	Sin asignar	Sin asignar	Sin entregar	Sin entregar	Sin entregar
thomas games 2005	Sin asignar	Sin asignar	Sin entregar	Sin entregar	Sin entregar
Juli Acuña	Sin asignar	Sin entregar	Sin entregar	Sin entregar	5
Luci aguilera	Sin asignar	Sin entregar	7	6	5
Danilo Balduini	Sin asignar	Sin asignar	Sin entregar	Sin entregar	Sin entregar
axel cornejo	Sin asignar	Sin entregar	9 Entrega tardía	Sin entregar	5 Entrega tardía
Alicia Isabel Demasi	Sin asignar	Sin asignar	Sin entregar	Sin entregar	Sin entregar
Lucas Dilischneider	Sin asignar	Sin entregar	7	10	Sin entregar
Florencia Echev	Sin asignar	Sin asignar	Sin entregar	Sin entregar	Sin entregar
Maria Ines Fassi	Sin asignar	Sin asignar	Sin entregar	Sin entregar	Sin entregar

Figura 20: Trayectoria de entrega de los alumnos.

Figura 21: Respuestas individuales de cada alumno.

Según Rodríguez, D. (2020) las TIC en la vida cotidiana son de suma importancia ya que permiten romper barreras físicas de comunicación permitiendo conectar personas de diferentes partes del mundo con intereses similares dando lugar a crear espacios de intercambio cultural, educativo y político, etc.; proporcionan información actualizada y en tiempo real y permite realizar diferentes tipos de actividades que hacen a la vida de cualquier ciudadano (trámites y procedimientos administrativos) en lo laboral, salud, educación y negocios.

Si bien lo mencionado anteriormente es un trabajo que lleva tiempo, para que se concrete y sea exitosa debe plantearse como una propuesta institucional, es decir, un trabajo colaborativo desde el equipo docente.

Lo mencionado anteriormente conlleva a que todas las disciplinas tengan como objetivo que el estudiantado se apropie de habilidades tecnológicas que les permitan no solo adquirir los saberes propuestos desde la escuela a través de cada espacio curricular, sino que les permita aplicar esos conocimientos y habilidades en la vida cotidiana, ya sea para ingresar al mundo laboral donde las agencias importantes de recursos humanos hoy en día realizan entrevistas de manera virtual, e inscripciones a través de plataformas o para seguir estudiando.

6.REFERENCIAS

Adell, J (13 de Mayo de 2018). Las TIC rompen las paredes de la escuela. Web del
maestro. CMF. https://webdelmaestrocmf.com/portal/jordi-adell las tic
rompen-las-paredes-la-escuela/.

Alcántara Trapero, D. (2009). Importancia de las TIC en Educación. Innovación y
Experiencias Educativas. Número 15. Sevilla.

Area, M. y Adell, J. (2009): —eLearning: Enseñar y aprender en espacios virtuales.
En J. De Pablos (Coord): Tecnología Educativa. La formación del
profesorado en la era de Internet. Aljibe, Málaga, pags. 391-424.

Area Moreira, M. (2009). Introducción a la Tecnología Educativa. Universidad de
La Laguna España. (pp 15-23).

Arriaga, Elias J. (2003). Las TIC y las matemáticas, avanzando hacia el futuro
[Tesis de Maestría, Universidad de Cantabria].
https://repositorio.unican.es/xmlui/handle/10902/3012

Arrieta, J. (2013). Las TIC y las matemáticas avanzando hacia el futuro.
Universidad de Cantabria. Facultad de educación. España.

Bartolome, V.; Caram, C.; Los Santos, G.; Negreira, E.; Pusineri, M.(2015)
Escritos en la Facultad: Reflexión Pedagógica. Edición III. Ensayos de
Estudiantes d ela Facultad de Diseño y Comunicación. Vol. 109. Año 11.

Burin, D., Coccimiglio, Y., González, F., & Bulla, J. (2016). Desarrollos Recientes
sobre Habilidades Digitales y Comprensión Lectora en Entornos Digitales,
6(1), 191- 206.
Recuperado de http://revista.psico.edu.uy/index.php/revpsicologia

Camero Almenara, J (2014). Reflexiones sobre la brecha Digital y la educación.
Universidad de Sevilla (España -UE)

Castells, M. (2009) Comunicación y poder -Alianza Editorial-Madrid ISBN, 978-
84-206-8499-4

Cachay Osorio, M. (2019). "Importancia de la implementación de las TIC en las
instituciones educativas en la enseñanza de las matemáticas". Lima Perú.

Cobo, Cristóbal (2016). La Innovación Pendiente, Reflexiones (y Provocaciones) sobre educación, tecnología, y conocimiento. Colección Fundación Ceibal/Debate: Montevideo.

Crespo, M., & Palaguachi, M. (2020). Educación con Tecnología en una Pandemia: Breve Análisis. Revista Scientific, 5(17), 292-310, e-ISSN: 2542-29

Díaz, Rubén. (2009). "¿Y si la educación sucede en cualquier momento y en cualquier lugar?", Educación Expandida (pp.51-66). http://www.zemos98.org/eduex/spip.php?article171

Fernández Aprile, L. (2020). Educación Superior y Tecnología: Evolución histórica en la Argentina y el contexto social en tiempos de Pandemia. HOLOGRAMATICA. Año XVII Número 32, V1. pp. 163-180.

Fernández Tilve, Mª Dolores, Álvarez Núñez, Quintín, Mariño Fernández, Raquel Elearning: Otra manera de enseñar y aprender en una Universidad tradicionalmente presencial. Estudio de caso particular. Profesorado. Revista de Currículum y Formación de Profesorado [en linea]. 2013, 17(3), 273-291[fecha de Consulta 6 de Julio de 2021]. ISSN: 1138-414X. Disponible en: https://www.redalyc.org/articulo.oa?id=56729527016

Flores Romero, M., Aguilar Barreto, A., Hernandez Peña, Y., Salazar Torres, J., Pinillos Villamizar, J., Pérez Fuentes, C. (2017). Sociedad del Conocimiento, las Tics y su influencia en la Educación. Revista Espacios. (Vol.38. Número 35 pág. 39).

Forero de Moreno, Isabel LA SOCIEDAD DEL CONOCIMIENTO. Revista Científica General José María Córdova [en linea]. 2009, 5(7), 40-44[fecha de Consulta 26 de Abril de 2021]. ISSN: 1900-6586. Disponible en: https://www.redalyc.org/articulo.oa?id=476248849007

Gomez, J. (2020). Google Classroom: Una herramienta para la gestión pedagógica. Mamakuna Revista de divulgación de experiencias pedagógicas. pp45-54. Universidad Internacional de la Rioja.

Granados-Romero J, López-Fernández R, Avello-Martínez R, Luna-Álvarez D, Luna-Álvarez E, Luna-Álvarez W. (2014). Las tecnologías de la información y las comunicaciones, las del aprendizaje y del conocimiento y las tecnologías para el empoderamiento y la participación como instrumentos de apoyo al docente de la universidad del siglo XXI. Medisur, 12(1):[aprox. 5 p.] http://www.medisur.sld.cu/index.php/medisur/article/view/2751

Gros, B. y otros. (2012). Sociedad del Conocimiento. Perspectiva Pedagógica. Capítulo 1 del libro de Lorenzo Aretio "Sociedad del Conocimiento y Educación".

Gutiérrez, L. (2012). Conectivismo como teoría de aprendizaje: conceptos, ideas, y posibles limitaciones, Revista Educación y Tecnologías, 1, pp. 111-122. https://dialnet.unirioja.es/descarga/articulo/4169414.pdf

Herrera, M.; Didriksson, A. (1999). La Construcción Curricular: Innovación, Flexibilidad y competencias. Educación Superior y Sociedad. Vol. 10(2), pp. 29-52.

Ilabaca, J; Integración Curricular de TICS Concepto y Modelos. Revista Enfoques Educacionales 5 (1): 01 - 15, 2003. https://enfoqueseducacionales.uchile.cl/index.php/REE/article/download/4751 2/49550/ 168470

Iturrioz,G; Gonzalez, I. (2015). Evaluar en la virtualidad. pp.133-144. https://p3.usal.edu.ar/index.php/signos/article/view/3212/3958

Jorge-Pozo, D., Gimenez-Gestal, C., Murillo, J. (2017). Influencia de un entorno virtual de aprendizaje en la Afectividad hacia las matemáticas de estudiantes de secundaria: estudio de casos. Investigación en Educación Matemática XXI. Lugar: SEIEM.

Lafuente Martínez, M. (2003). Evaluación de los aprendizajes mediante herramientas TIC. Transparencias de las prácticas de evaluación y dispositivos de ayuda pedagógica. [Tesis de doctorado, [Tesis de doctorado, Facultad de Psicología, Universidad de Barcelona]. Dipòsit Digital de la Universitat de Barcelona.

Litwin, E. (1997): Enseñanza e innovaciones en las aulas para el nuevo siglo, Bs. As. El Ateneo.

Medina, H., Lagunes Dominguez, A. (2020). ¿Qué aportan las Tecnologías de la Información y Comunicación en la enseñanza de las ciencias? Revista Digital Universitaria. (Vol. 21, Núm. 3). doi: http://doi.org/10.22201/codeic.16076079e.2020.v21n3.a9

Montoya A, Parra CMR, Lescay AM, et al. (2019). Teorías pedagógicas que sustentan el aprendizaje con el uso de las Tecnologías de la Información y las Comunicaciones. RIC.;98(2):241-255.

Morera, M. (2009). Manual Electrónico: Introducción a la Tecnología Educativa. Universidad de la Laguna. España.

Orjuela Forero, D. (2010). Integrar las TIC al currículo en la educación media. Revista de investigaciones UNAD. Volumen 09. Número 3. pp.137-156.

Partida Ibarra, J., Martínez García, M., Mena Hernández, E., Mercado Lozano, P., Pérez Zúñiga, (2018). La sociedad del conocimiento y la sociedad de la información como la piedra angular en la innovación tecnológica educativa. Revista Iberoamericana para Investigación y el Desarrollo Educativo. Vol. 8, Núm. 16.

Pérez Alarcón, S. (2010). La Importancia de las TIC en la Escuela. Temas para la Educación. Número 7. (pp.1-7).

Plaza Gálvez, L., González Granada, Vasyunkina, O. (2020). Propuestas para la Enseñanza de las Matemáticas. En Rebeca Flores (Ed.). ALME 33. (1 ed., Vol. 33, pp. 295–304). Comité Latinoamericano de Matemática Educativa.

Recio Urdaneta, R., Recio Urdaneta, J., Saucedo Fernandez, M., Jimenez Izquierdo, S. (20-30 de Abril de 2017). Conectivismo, ventajas y desventajas. VII Congreso Virtual Iberoamericano de Calidad en Educacion Virtual y a Distancia.

Revelo-Rosero, J. y Carrillo Puga, S. E. (2018). Impacto del uso de las TIC como herramientas para el aprendizaje de la matemática de los estudiantes de educación media. Revista Cátedra, 1(1), 70-91.

Riveros V, Víctor S. y Mendoza, María Inés (2005). Bases teóricas para el uso de las TIC en Educación. Encuentro Educacional. ISSN 1315-4079 ~ Depósito legal pp 199402ZU41 Vol. 12(3), pp.315 – 336.

Rodríguez, Daniela. (13 de mayo de 2020). Las TIC en la vida cotidiana: usos, ventajas, desventajas. Lifeder. Recuperado de https://www.lifeder.com/tic-vida-cotidiana/ .

Rubio Michavila, C., Pérez Martell, E. (1999). Nuevos modelos educativos basados en tecnologías. Revista Electrónica Universitaria de formación del Profesorado. 2(1).

Ruiz, G. (2020). Marcas de la Pandemia: El Derecho a la Educación Afectado. Revista Internacional de Educación para la Justicia Social, 2020, 9(3e), 45-59. https://doi.org/10.15366/riejs2020.9.3.003

Salinas, J. (2013). Enseñanza Flexible y Aprendizaje Abierto, Fundamentos clave de los PLEs. En L. Castañeda y J. Adell (Eds.), Entornos Personales de Aprendizaje: Claves para el ecosistema educativo en red (pp. 53-70). Alcoy: Marfil.

Sanchez, Jaime H. (2002) Integración Curricular de las TICs: Conceptos e Ideas. Departamento de Ciencias de la Computación, Universidad de Chile.

Sobrino Morrás, Ángel Aportaciones del Conectivismo como modelo pedagógico post-
constructivista. Propuesta Educativa [en línea]. 2014, (42), 39-48[fecha de Consulta 6 de
Julio de 2021]. ISSN:. Disponible en:
https://www.redalyc.org/articulo.oa?id=403041713005

Terrazas Pastor, Rafael; Silva Murillo, Roxana. (2013). La educación y la sociedad del conocimiento (Vol. 32, pp. 145-168). PERSPECTIVAS.

Torres Cañizález, Pablo César, Cobo Beltrán, John Kendry Tecnología educativa y su papel en el logro de los fines de la educación. Educere [en linea]. 2017, 21(68), 31-40[fecha de

Consulta 21 de Mayo de 2021]. ISSN: 1316-4910. Disponible en: https://www.redalyc.org/articulo.oa?id=35652744004

Zapata-Ros, M. (2015). Teorías y modelos sobre el aprendizaje en entornos conectados y ubicuos.

Bases para un nuevo modelo teórico a partir de una visión crítica del "conectivismo", Education in the Knowledge Society (EKS). http://eprints.rclis.org/17463/

Encuesta a Docentes:

Materia: Año Escolar:

1. ¿Implementa las TIC en el aula? ¿De qué manera lo hace?
2. ¿Cuenta con los recursos necesarios para implementar TIC en el aula? De ser negativa la respuesta indique cuáles.
3. ¿Cómo responden los alumnos al momento de utilizar TIC?
4. ¿Se enseña algún tipo de software específico que se pueda aplicar a diferentes áreas?
   ¿Cuáles?

Encuesta a alumnos:

Año de estudio:

1. ¿Qué es lo que más sabes usar con respecto a la tecnología?

   Redes Sociales.   Aplicaciones para la escuela.

2. ¿Utilizas las Tecnologías en el aula?   Sí   No

3. ¿Qué utilizan más para trabajar en clase?   Computadora
   Celular   Ambos

75

4. Cuando te proponen trabajar con TIC:

   Me entusiasma   Me da lo mismo   No me interesa lo
   que me propone

5. ¿Utilizas programas de computadoras para Matemática? Si tu
   respuesta es sí, ¿quién te enseña a utilizarlo y qué programas usas?

ANÁLISIS:

En los cursos encuestados del Ciclo Orientado (ambos 4° años) todos utilizan redes sociales y solo uno aplicaciones referidas al ámbito escolar, a diferencia del ciclo básico se eleva el entusiasmo por las clases propuestas, aunque se mantiene una alta cantidad de alumnos a los cuales las propuestas "le dan lo mismo". Se observa que los alumnos en su totalidad utilizan celular y no computadoras.

En este caso la profesora de Matemática es la misma y pese a que ella utiliza los mismos recursos en ambos cursos los alumnos no perciben lo mismo. Los alumnos de 4° año de la Orientación en Educación Física no sienten que utilizan programas de matemática cuando la docente manifiesta que al momento de graficar y arribar a conclusiones hacen uso del software Geogebra en la versión Android para celulares, como así también la utilización de diferentes programas de calculadoras según la prestación que tengan los alumnos en sus dispositivos. Así mismo la docente de TIC de este mismo curso plantea que implementa el uso de tecnologías como recursos pedagógicos, manifestando que posee las herramientas necesarias para hacerlo ya que la escuela cuenta con una buena plataforma de internet en funcionamiento y los alumnos poseen todos dispositivos móviles. Los softwares que la docente de TIC utiliza en este espacio son: Paquete Office, Canva (Crear en equipo), Kahoot (plataforma para crear cuestionarios y concursos en el aula para aprender o reforzar el aprendizaje) y Clasroom (plataforma educativa gratuita de google). Pero al mismo tiempo sostiene que los alumnos son reacios a la implementación porque no terminan de identificar el uso de las TIC como herramienta y recurso didáctico.

No ocurre lo mismo con el 4° Orientación de Música, ya que la docente de TIC a pesar de que incorpora las computadoras para que los alumnos" interactúen con las mismas y sus diferentes programas: Word, Excel e Internet ". Sostiene que no logra utilizar el "Aula Móvil de Computadoras" porque se corre el riesgo de que otros alumnos borren los trabajos realizados.

Aunque percibe entusiasmo de sus alumnos cuando les propone trabajar con TIC. (Ver gráfico).

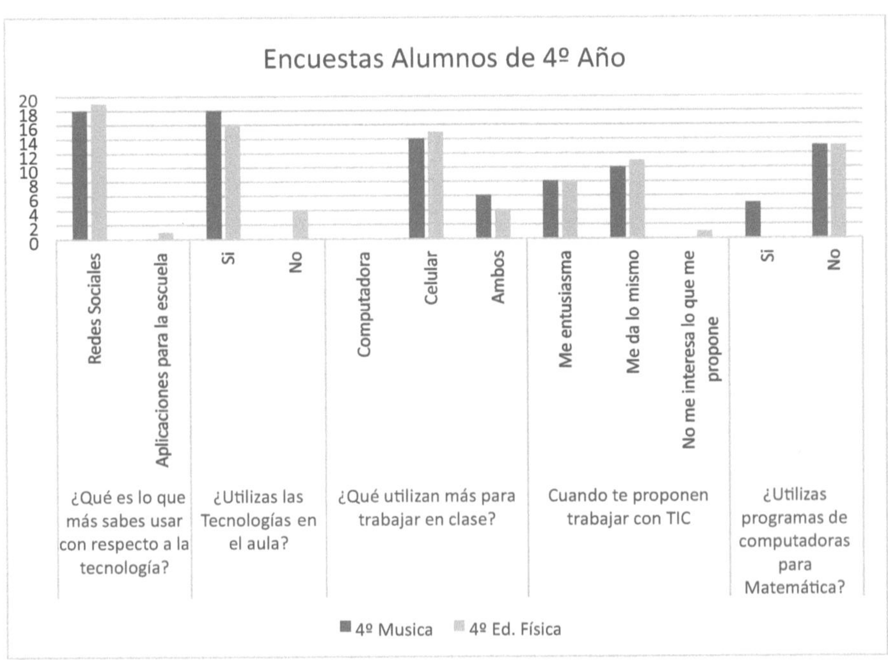

El diagnóstico realizado permite en todos los casos dar cuenta de cómo perciben los alumnos lo que los docentes creen novedoso e innovador para ellos, siendo en la mayoría de los casos lo propuesto, poco atractivo para los cursos encuestados. También da cuenta la necesidad de los docentes de manifestar lo que les sucede no solo con las TIC en sí, sino con su implementación en las aulas. Lo ideal para indagar a los docentes es la entrevista y no una encuesta, ya que se explayan en esta última más allá de las preguntas propuestas y en muchos casos manifiestan en forma oral el interés de poder trabajar para implementar en forma conjunta nuevas estrategias.

8. ANEXO II

Asistencia a clases virtuales mes de Mayo y Junio 2021.

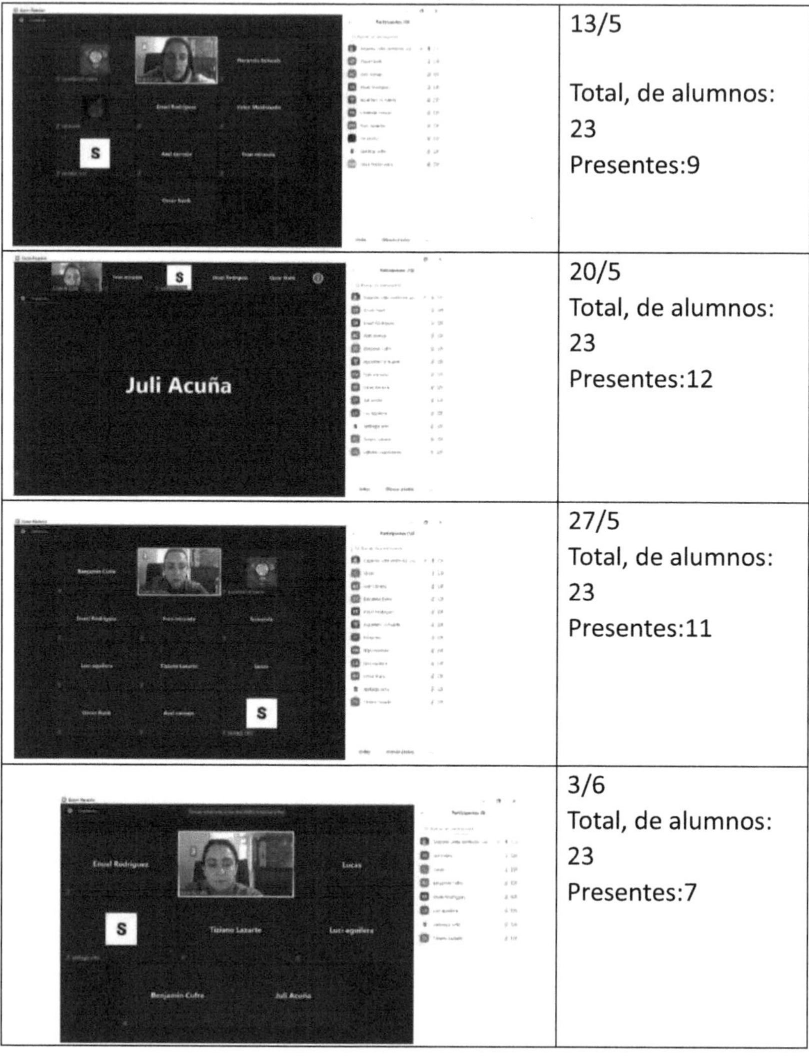

	13/5 Total, de alumnos: 23 Presentes:9
	20/5 Total, de alumnos: 23 Presentes:12
	27/5 Total, de alumnos: 23 Presentes:11
	3/6 Total, de alumnos: 23 Presentes:7

<table>
<tr>
<td>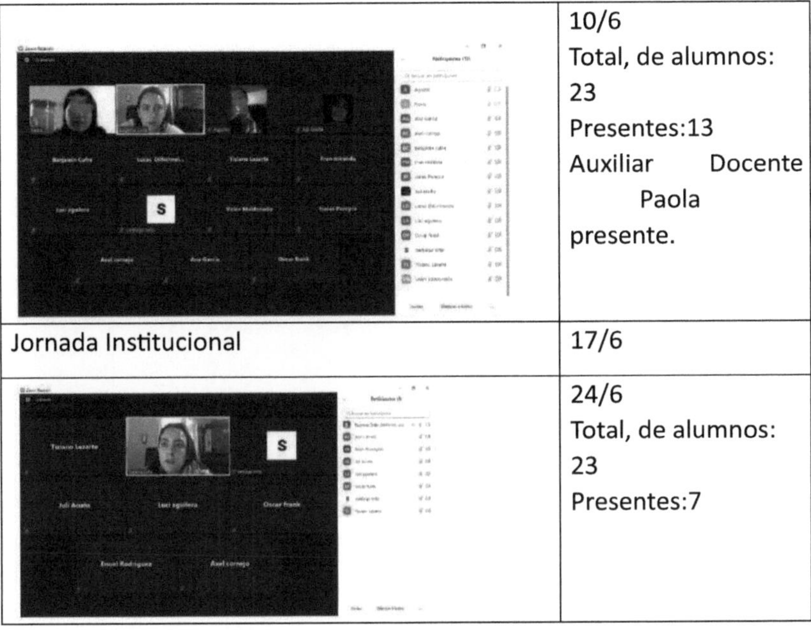</td>
<td>10/6
Total, de alumnos: 23
Presentes:13
Auxiliar Docente Paola presente.</td>
</tr>
<tr>
<td>Jornada Institucional</td>
<td>17/6</td>
</tr>
<tr>
<td></td>
<td>24/6
Total, de alumnos: 23
Presentes:7</td>
</tr>
</table>

Printed by Books on Demand GmbH, Norderstedt / Germany